让阅读走心
让阅历丰盛

亲密而独立

活出边界，活出自己

冰千里◎著

北京联合出版公司
Beijing United Publishing Co.,Ltd.

图书在版编目（CIP）数据

亲密而独立：活出边界，活出自己 / 冰千里著 .—
北京：北京联合出版公司，2021.5

ISBN 978-7-5596-4944-7

Ⅰ.①亲… Ⅱ.①冰… Ⅲ.①心理学—通俗读物
Ⅳ.① B84-49

中国版本图书馆 CIP 数据核字（2021）第 021812 号

亲密而独立：活出边界，活出自己

作　　者：冰千里
出 品 人：赵红仕
选题策划：北京时代光华图书有限公司
责任编辑：李艳芬
特约编辑：李艳玲
封面设计：零创意文化
版式设计：冉　冉

北京联合出版公司出版
（北京市西城区德外大街 83 号楼 9 层　100088）
北京时代光华图书有限公司发行
北京晨旭印刷厂印刷　　新华书店经销
字数 196 千字　　880 毫米 × 1230 毫米　　1/32　　8.75 印张
2021 年 5 月第 1 版　　2021 年 5 月第 1 次印刷
ISBN 978-7-5596-4944-7
定价：56.00 元

推荐序

关系这事，比你想的要复杂。

冰千里是我的山东老乡，我们两家距离很近。有一次过年的时候，他去我那十八线小县城老家找我“取经”。我们两个从事心理学相关工作的大男人坐在一家非常浪漫又文艺的咖啡馆里，谈论着一些看起来“高大上”的话题，多少有点违和感。

这种违和感还包括，我很惊讶这样一个长得粗糙的男人背后，有一颗如此细腻的心。我心里想，这人比看起来要复杂。

关系问题，是所有人都会面对的问题。婚恋关系、亲子关系、自我关系，这三大关系尤其消耗人的精气神。多数人在这些关系里都会经历沟通障碍、纠结、愤怒、不被理解、自责、讨好、控制等问题。我们处理这些问题的方式，也简单粗暴，会跟着感觉去惯性地做一些省力又无用的处理。

然而经常没用，更加痛苦。

我在冰千里的思想里看到的是：先不去解决问题。关系中的种种都是些小事，其实没有我们想的那么简单。因为是些小事，我们在生活中就容易忽略思考。但生活正是由这些小事构成的，所以思考这些小事就显得非常有意义。

在《亲密而独立：活出边界，活出自己》这本书里，我看到的正是对一件件关系中的小事的思考，哪怕是吃包子这样的小事。

冰千里从一个个有深度的视角，对这些小事进行了解构，在“怎么办”之前，先去解答“为什么”。糟糕的人生总是在问“怎么办”，急于寻找一个方法，成功的人生则会先问“为什么”。了解问题本身，就是在提供解决方案。

庞大的潜意识体系看起来把问题复杂化了，实际上那正是在揭露本质。问题只是冰山一角，背后暗藏的潜意识动力，才是决定行为的根本。当你开始思考这些深层的潜意识中的“为什么”时，你就掌握了解决困境的方法。

这条路不简单，但有用。

当你读这本书的时候，你可以跟随他的思路，从一个个日常关系的小情境中，深入到自己整个的人生模式中去。相信你在那里发现的将不是问题的答案，而是自己。

丛非从

前言

如何才能与另一个人亲密？
首要结论是“不亲密”

《孤独的小孩》

蜷曲角落里的孩子啊
你今天有没有哭？

掉下这滴泪就走吧
去流浪　　去放空
别怕孤独
莫贪恋这一点点温存

听
山谷的野风在歌唱
金色的麦浪在起舞

远方在朝你招手

你是对的
别回头
别管那灯火阑珊
远处，有你想要的理想！
—— 冰千里

时光好慢，又很快，转眼离我第一本书的出版已近一年。

去年今日，我们为武汉祈祷；今年此刻，我们为世界加油。

这颗古老的星球，依旧在承受疫情的阵痛，依旧动荡，只是少了些去年的恐慌，好像灾难没发生在眼前，人们就会暂时安全。

人类总是这样，总在无数种灾难中艰难前行，前行中渐渐淡忘了以往的哀伤；历史也总会滚滚向前，时间不会为任何人停留，这也许是世界上唯一公平的法则吧。

对我个人而言，依旧每天和亲爱的来访者在一起，感受另一些生命中的爱恨动荡。

在其中我被深深地打动，我为遇见和我同样的生命而感恩，在百万字的咨询记录中，深藏着我与这些人走过的点点滴滴，或许在我弥留之际翻开这些陈年旧事，会如获新生吧。

茫茫人海，偏偏你与我遇见了，并且是心与心在一起，那种发自内心的使命感，让我充满了深深的敬畏与悲悯。

你我都知道，苦难与幸福总是一对永恒的冲突，如同现实总不遂梦想心愿。

我不向你表达感谢，我也不愿你向我表达感谢，我们的遇见怎是一句“感谢”就可以表达的啊！

我不敢说“谢谢”，如同面对这颗蓝色星球，我没有任何语言。我没有足够的词语，来形容那一个个瞬间，那些瞬间充满了无与伦比的神性与魔力。

我敬畏我的职业，敬畏我的来访者，敬畏缘分，敬畏永远也道不尽的感觉，仿佛一旦说尽，它们就飞走了，再也回不来。

除与来访者在一起，我的第二件事情也没变，那就是写作。

在第一部作品《解锁亲密关系：爱为何会伤人》中我感慨道：“有人问我什么时候停止写作，我说死后。”

我曾不止一次地想过，等我老到眼睛睁不开了、颤抖的手也无法握笔和敲键盘时，我会读出来，请一个人，借他的手写我的思想。

孤独是我的生活底色，悲凉是我的人格底色。

懂我的人总会在我的世俗表达中窥得一斑，就像你读的这篇文字，其中是淡淡的忧伤，以及无所不在的孤凉。

事实上，我的社会功能修得蛮好。譬如在很多场合我是最活跃的那一个，譬如在人际关系中我可以游刃有余，甚至我能在各种场合带动气氛、感染他人。

但我自己知道，我只是一个在命运中孤独的行者，永远都背着一个行囊，它的名字叫作使命——至于这使命究竟是什么？目前无从得知。

我只有在噼里啪啦敲字的时候，内心最为平静，世界都不存在了，唯有我和我的灵魂在无尽宇宙的某个频率中，震荡。无论写剖析文还是影评，甚至写工作文案，我都会带有某种情感的色彩，每篇文章、每个字，都附带了浓淡不一的“爱恋”。

这也许就是我的写作风格吧，和我的咨询风格极其相似。

来访者的改变，绝不是因为我对理论技术运用得多么娴熟，而是我由内而外散发出来的场域不同。

一个点头、一次微笑、一行泪，我想他们懂了，他们看见了，感受到了我正在与他同频共振，对此我一点也不谦虚——而这超越了心理治疗本身。

我的文字也如此，倘若你只看到了某个道理，那是第一层，但愿你能往深处看一层，看到文字背后饱含的深情。

唯有此，你才会被我的作品滋养。

那么，一个人如何才能与另一个人亲密？我的首要结论是“不亲密”。

换句话，你要人格独立、要看见生命本质的孤独、要拥抱自己独特的灵魂，才可能“入世”，才可能与另一个人发展亲密关系。

我对《亲密而独立：活出边界，活出自己》这部作品的满意度超过了第一部，原因就在于此——**亲密的基础是独立，最好的度是“既亲密又独立”。**

无论我在其中描述亲子关系、伴侣关系，还是人际关系，都在试图发出呐喊：站起来吧！独立出走吧！我最爱的人格。

正是在一次次写作和咨询中，我发现了某个真相：最终打动人的，唯有发自内心的真实。

任何言不由衷、知行不一，任何假性亲密都在掩饰内心的匮乏与恐惧，都在粉饰太平中日渐消瘦，都在用一千个谎言隐藏最初那个谎言！——至此，你失去了你自己。

真实的最初模样，就是“你首先得是一个完整的人”，你的人不完整了，人格就会撒谎，撒谎就永远无法获得真正亲密。

你去做一个人吧！也去让别人去做他自己！

这本书我会继续讲“亲密关系”，但你若还是沉浸在亲密关系中，就不可得。

记住，“亲密而独立”的重点在于“独立”，而非“亲密”。

以前很多年，我做着同一个梦：我被各种东西扼住了喉咙，被各种绳索捆绑了身体，我不能呼吸、不能求救。

两年前我做了一个梦：一条狗，尖牙利齿，通体黑色，奋力挣脱了一切绳索。

基于这个梦的影响，去年，我真的养了一条黑狗。

劝告那些正在路上行走的孤独者：你唯一的敌人，就是世俗的诱惑；你唯一的恐惧，就是不能抵御这诱惑，这也是太多人无法成为他们自己的原因。

不要将就，不要混沌，不要模糊，更不要随波逐流，那样很容易被同化、被淹没。

追逐世俗的一切是小幸福，唯有追求精神才是大幸福。

2021 年，随着不再接待地面来访，我的工作和生活突破了时空，实现了自由。

故此，倘若疫情过去，我会时不时离开这间小小的书房，到处走走，去领略不同城市的四季，体验不同地域的风俗文化，在那里，我会继续与你相遇、与文字相遇。

能随心随性地活着，真好。不用像我一样去各个城市，而是人格独立，要去到内心更广阔的领地，那里有你想要的彩虹桥。

写这些字的时候刚过新年，这个夜晚大雪飘飘寒风凛冽，我所在的北方小城气温低到了零下 20℃。而此刻，我却被自己温暖着，手心发烫，我多想把手无限延伸，伸到你所在的地方，握住你的手，放在你胸口，与你共享温暖。

但这不可能，我的温暖与滚烫甚至走不出这间书房，但这本书能替我做到，希望你在这个初春多一份来自我的温度，也希望你的关系亲密而独立，希望地球与人类也是——亲密而独立！

自序

在亲密关系中活出自己

我是一名心理咨询师，我从别人的命运里体验着跌宕起伏，也从每段关系里看见自己，看见彼此内心的呐喊与渴望，我深以为荣。

我在第一部作品《解锁亲密关系：爱为何会伤人》中，发现了一个广为人知又极度纠结的事实：人在亲密关系中被滋养着，同时也在亲密关系中被伤害着。

而在这部作品中，**我找到了一种途径，可以让伤害有个疗愈的去处：在亲密关系中活出自己，给予自己足够的心灵空间及自我接纳。**

事实上，我本人正是最大受益者。

原生家庭曾让我深受其困。我曾滥用亲密，并投入混乱虚幻的亲密关系中。那时我几度迷失，惶恐度日，夜不能寐，后来又远离人群、远离关系，借此逃开亲密。这样我虽得到了某种狭隘的自由，孤独感却与日俱增并消耗着我的能量。

后来我知晓，关系中的困境最终还要回到关系中解决，那些动荡亲密只是无意识的假象，那些孤独中的自由也只是临时避难所。

于是，我回归并直面亲密关系，经过无数次冲突与挫败，我认为自己已找到“关系中的自己”。我想继续深入体验这来之不易的成果。

我很幸运地遇见了我的太太。她对我始终包容，与我共同经历苦痛、分担忧伤、分享喜悦，我们找到了在彼此心中的位置。

我们还有一个执着向上的儿子、一个灵动通达的女儿。**我极少给他们讲述人生哲理，但他们每天都会看到我是如何对待自己的。**比如我崇尚独立思考，不会人云亦云；比如我看重自由意志，不会先顾及他人评价；比如我坚守梦想，从不轻言放弃。

亲子关系中你告诉孩子什么不重要，重要的是，你是个怎样的人。你是如何对待自己的，如何面对困境的，这些都会被孩子觉察，并内化为自己的原初信念。

所以，我认为任何孩子问题、伴侣问题都只能排第三位，第二位是你对待他们的态度，而第一位则是你在他们那里学到了什么，感受到了什么，你忠于自己的内心吗，你活出自我了吗。

那么，活出自我究竟是一种怎样的体验呢？

活出自我，会有越来越多的自我接纳、自我允许、自我宽恕。依据出现的阶段性，大概有以下三种感受：

第一，爽快感。

你不妨想想，你做过的哪些事让自己感到痛快、兴奋、酣畅淋漓？

即便忐忑和愧疚，依然遏制不住地大呼过瘾，那种突破限定的任性会定格在心中，永不磨灭。

这是一种绽放，一种毫不掩饰的真实，不取悦迎合，就像你拒绝了苛刻老板的无理要求，当着全体同事的面大声告诉他“我不干了”。

这并不容易，需要足够的面对冲突和恐惧的勇气。如同朴树的歌：“能不能彻底地放开你的手，敢不敢这么义无反顾坠落。”偶尔放飞一下自我，也是值得的。

第二，落寞感。

一旦爽快感增多，往往就会出现失落和寂寞，像丢失的东西再也回不来了一样。

这是成长的代价。

你要丢失的是旧有模式。尽管旧有模式控制你、限制你、捆绑你，但它们陪你长大，可能陪了你几十年，如今你正在突破它们。

这很像你第一次远行告别父母在车厢发呆时的感受。虽未来有无限可能等着你，但过去无法重来，你怅然若失。这里更深层的心理机制是“背叛”，成长的代价就是一次次“背叛”过去。

第三，平和感。

经过兴奋期和落寞期，你会再次找到新的平衡，适应新的亲密关系模式。

一位来访者告诉我，自从她不再讨好、学会拒绝后，老公的态度有了变化，他不像之前随意忽略她，和她沟通的次数多了。

你在关系中重视自己，他人自然会更重视你。

这个过程需反复轮回，并不容易，因为这意味着权力平衡的打破甚至转移，对方也会用他的方式与你胶着很久。

最终，在相互试探中调整并达成新的平衡。此时你会感到平和，这是发自内心的安全感，是对内心争斗的奖赏，你接纳了全新的自己。

在这个过程中，你还会发展出两种能力：

其一，享受独处的能力。

关系中你有了更多话语权，有了属于自己的心灵空间，而非处处受限。这个空间就是心理意义上的独处能力。现实中你也会享受独处时光，会允许自己无所事事而不自责。

很多来访者找我的目的之一，就是寻找这份“在关系中做自己”的能力。

其二，价值感外化的能力。

价值感会体现在工作、爱好或其他关系中。首先，你是愿意的、喜欢的，而非应该的；其次，它们并不被你的亲密关系影响。

如同写作和咨询是我的深爱，我享受其中并获得价值，而不被他人包括我的家人限定。

也许你的工作自己说了不算，但你依然可以找到掌控的感受，而不是完全臣服于它。你也可以在其他领域寻得满足。

事实上，为了活出自己，我用了很多年。寻求自由的路上绝非一帆风顺。弗洛伊德说过，“信仰是不容易获得的，如果你们很容易获得，不久，它们便会失去其价值”，他接着又说，“你们一旦获得，就有了用生命捍卫它们的权利”。

因此，**你不必着急，更不必沮丧。本书中，我会详细与你分享活出自我的过程，描述内心可能会经历的冲突，以及任何觉察与顿悟。**

这不是我一个人的自说自话，而是基于我大量心理治疗的经验，以及前辈们深厚的研究成果，比如温尼科特的临床实践，比如依恋理论和潜意识理论。

写这篇序言的当下，正是新型冠状病毒肺炎肆虐全球之时，作为人类一员，我深感命运的无常。

如果把地球比作家庭，人类与万物生灵就是相互依存的亲密关系，人类做到在关系中活出自己，也要考虑大自然的感受，将心比心，其他物种同人类一样，也需要活出自己。

此刻，我停笔望向窗外，刚刚乌云密布的天空突然射下一缕阳光，格外耀眼绚丽！就如同人格，无论怎样黑暗与阴霾，你总会找到属于自己的那束光，它的名字就叫“活出自己”。

目 录

PART 1

通过伴侣，理解自己

开篇
真正的亲密，是能够在对方面前独处

真正的亲密关系，是在伴侣那里享受独处的能力，而彼此也愿意给对方腾出属于自己的空间。温暖又靠近，然而又有一定的距离。慢慢地，关系中爱的能力就会发展出来。

PART 2

通过孩子，看见自己

开篇
父母理解自己，就是对孩子最大的理解

亲子关系中你告诉孩子什么不重要，重要的是，你是个怎样的人。你是如何对待自己的，如何面对困境的，这些都会被孩子觉察，并内化为自己的原初信念。

PART 3

通过成长，接纳自己

开篇

自我接纳第一步：放下评判

我们内在对自己评判的声音，会活生生把人困住，让人只能这样不能那样，让人活得很不爽。自我接纳的过程，就是从一只傻猴子到齐天大圣再到斗战胜佛，也叫个人成长。

PART 1

通过伴侣，理解自己

开篇　真正的亲密，是能够在对方面前独处

真正的亲密关系，是在伴侣那里享受独处的能力，而彼此也愿意给对方腾出属于自己的空间。温暖又靠近，然而又有一定的距离。慢慢地，关系中爱的能力就会发展出来。

昨夜重温了电影《千与千寻》。

我们不是欠宫崎骏一张电影票，而是亏欠自己一份感动。

千寻丢了名字，忘了往事，只是往前走再往前走，去找寻活下去的位置。

我蜷缩在影院中央，心随着千寻踉跄的脚步起起落落。当得知父母可能再也回不来时，她双手抱住膝盖，眼神空洞而绝望。此时白龙递过来几块饭团，说：“这个是我用魔法做的，可以让你精神百倍哦。”

小姑娘抬起头睁大眼睛，拿起饭团一口一口咬了下去，眼泪也跟着滑落，继而决堤般涌出，千寻终于可以放声痛哭了。

彼时的恐惧与绝望似乎有了去处，那一刻，千寻知道：原来是可以用哭泣和泪水表达悲伤的。

让千寻找回自我的，恰恰是白龙的亲密，准确点儿说是：白龙给了千寻在亲密中“做自己的空间”。

这让我想起几年前看过的一个短片：

一个3岁男孩生逢乱世，亲眼看到父母死在身边却一点表情都没有，旁边的人大声呼喊，他也像没听见一样。

过了段时间，这个孩子被送到精神病医院，依旧表情呆滞、身体僵硬。

直到有一天，邻床一个小姐姐的痛哭声把他惊醒，那女孩抱着毛毛熊止不住地流眼泪。

男孩突然抬头问旁边的护士：“阿姨，她怎么了，在做什么？”护士摸着他的头、抱着他，轻声说：“哦，可怜的孩子，她在哭泣，她很伤心。”

突然，这个男孩哇地哭出声来，有种撕心裂肺的痛，哭声顿时响彻整个病房。

如同千寻一样，在一个值得信赖的人那里，在一段亲密关系中，他们的痛苦有了去处。**他们寻回了丢掉的情绪，捡回了一些基本的功能，比如呐喊和哭泣。在那一刻，他们活了！**

不幸的人，最大的幸运就是能遇见这样一个环境，能够让自己独处，继而释放原始的恐惧与悲伤。

也是这种力量，让千寻再次走进那个世界，历尽艰辛磨难，重新回到爸妈身边。

在温尼科特的理论中，成长的关键就是“享受孤独的能力”。

真正的亲密关系，是在伴侣那里有享受独处的能力，而彼此也愿意给对方腾出属于自己的空间。

一个人能安心享受独处时，内心深处一定根植着某种形象，这种形象是稳定的、可靠的、连续的。

这种形象是早年发展出来的。

比如婴儿饿了，会用哭喊来表达需要，妈妈敏锐捕捉到后开始喂他。需求被满足，婴儿不哭了。

但有时妈妈忙，必须处理完一些事情才可以喂养婴儿，比如挂掉电话、放下围裙、离开卫生间之类，那么婴儿的需求和需求被满足之间就有了一个等待的过程。

婴儿必须延迟满足，必须在发出“饿的信号”到“被喂养”之间发展一种能力，来抵御这种饥饿。这个过程就叫作独处。

独处能力，就是在这个过程中产生的。

这不能提前预防，否则就会形成挫折。焦虑的妈妈会提前预防，在婴儿不饿时硬把乳头塞给他，哄他入睡，防止自己被打扰。长此以往，这个婴儿就发展不出独处的能力。

一个 3 岁孩子玩游戏，妈妈在不远处忙着，孩子玩一会儿总要看妈妈在不在，或叫一声看她答应不答应，若妈妈还在或回应了，孩子就会转身继续玩。这也是独处能力产生的过程。

妈妈如果突然消失，对孩子来说就是创伤；妈妈不停地为孩子喂水擦汗，或时不时打扰，就叫“侵入式养育”。

足够好的妈妈，总会自然给孩子提供某个空间，让孩子安全做自己，不受外界任何打扰。这样，孩子的独处能力就能健康发展出来。

这种形象被内化后，不管将来是否真有这个人都无所谓了，因为孩子每次独处时都会“带着她”，直到终生。

因此，**所有享受孤独的人，都是在心中“另一个人”陪伴下**

的独处。

早年没发展出独处能力，会影响亲密关系，特别是伴侣关系。

一般情况下，经过短暂热恋就走进婚姻的人，往往婚后没几年就会出现两个极端。

一个极端是夫妻之间没有共同空间，特别是孩子出生后。

假如丈夫很依赖妻子，而妻子又被孩子“霸占”，丈夫就会失落，彼此之间很可能爆发冲突或冷战，影响夫妻感情。这在本质上是因为丈夫早年没发展出独处的能力。

另一个极端是双方过于黏合。

我认识一对夫妻，妇唱夫随，形影不离，无论买菜、散步还是聚会，在我们眼中俨然是模范夫妻，近期他们却在闹离婚。

通过交流，我发现了一个模式：他们内在是渴望拥有自己的空间的，然而一旦独处就无法忍受。时间久了，他们发现彼此不能独活简直太可怕了，这让他们感到窒息。

归根结底，这就是早年的依恋问题，他们都是被父母捧在手心里养大的，独立简直是奢侈。

当然，还有种情况是一方依恋，另一方想要逃，这更常见。

如果逃脱的一方很独立，对方的依恋刚开始还能承受，久了就觉得对方是在控制自己，亲密关系势必被破坏。

在我的咨询经验中，给对方腾出足够空间的婚姻，更持久。

当然，腾出空间绝不是逃避的借口，如同 3 岁男孩回头看妈妈一样，这需要恰到好处的距离。

这个距离如何把握呢？答案是：对方有需求是第一步，对方向你表达是第二步，你满足对方是第三步。比如，千寻对白龙的表达、男孩对护士的表达，以及白龙和护士对他们的满足。

除此以外，尽可能给彼此做自己的空间。不要频频侵入。

需要特别说明两点：

第一，你希望不表达，对方也会满足你，这是种幻想。

真相是：表达后被满足就已经很亲密了，对方能做到不敷衍、不应付就已经很不错了，婚姻更多的是去理想化，是没有了激情和浪漫依然相伴。

第二，你在为关系苦恼，是个误区。

真相是：你痛苦的不是关系，至少关系不是第一位的，而是你本人在这段关系中感到自己很差劲。是对方的态度让你感到了挫败，是对方照出了你的难堪。

关系只是种媒介，婚姻和爱情都是自身的投影。

如果你有以上两点困扰，都是因为你在和自己独处时，并不能完全理解自己。

所以，**独处能力和是否是一个人无关。**

有的人在人群中、在嘈杂环境中、在事情乱如麻的时候，甚至在其他人都很焦虑的时候，依然很镇定，并不慌张。

这个人就具备了独处的能力，他虽在人群，但依然享受稳定和冷静。

相反，有的人即便是一个人、一杯咖啡、一段音乐，甚至身在寺庙，也无法掩饰内心翻江倒海的冲突，表面看起来是一个人，但内心住着太多无处安放的思绪，让他无法安静下来。

虽然他是一个人，但他无法享受独处，有的只是短暂逃避和孤单的感受。相反，他被近期的某些事件，重新激活了他早年的焦虑。

千寻看似是在与白龙的亲密中有了独处空间，其实千寻的独处能力早就存在了。

亲密发展出独处，独处又促进亲密。这是种良性循环。

那么，你要问了："我不能享受独处空间，怎么改变？"

其实，就算早年父母没给你机会，现在你依然可以在关系中习得。

比如，有过心理咨询体验的人一定深有感触，最终让你成长的不是咨询师高超的解释、娴熟的技巧，也不是其名望和理论，而是这样的感觉：

这个人总是温和在场，他的镇定不是伪装的，他的共情不是照本宣科的，他的气场不是故弄玄虚的，而是一种真实的独处能力，一种让人平和心安的感觉，不管你的表现是多么焦虑和慌乱。

久而久之，你会发现自己不知不觉也有了这样的独处能力。

尽管你遇到问题还会焦虑，但多了份思索；在与他人的关系中还是会别扭，但多了份从容，沉静的独处能力就这样被内化了。

你会不断在仓皇中体验沉静，在迷茫中体验镇定。

你还会发现这样的事实：在他面前你是可以独处的。你是有空间的，或是沉默或是痛哭，他都会让你做自己，在你不需要时他对你毫不"侵犯"。

而这种体验，在你的早年是缺失的。

只有某种缺失体验被重新连接上，这种体验才算完成了使命，人才会在那个缺失的点上重新往下一个阶段发展。这就是所谓的成长。

同时，你也会把这种体验带给身边的人，比如伴侣和爱人，他们都会潜移默化地被你的独处感染。

而这一切，不过因为：有人透过焦虑看到了渴望独处的你，照见了你独处的所有含义，允许你自由地独处。

慢慢地，关系中爱的能力就会发展出来。

你们根本就不愿沟通，而不是缺乏沟通

良好沟通四要素，你做到了吗

真正的沟通必须做到四点：

第一，在时间、地点、人物前面加个“为什么”。

人的情感是流动的，在沟通时加“为什么”就会打开内心许多故事，你立马会陷入对自己整个状态的反思，陷入与某个人关系的思索，陷入藏了许久的秘密与情绪。你会有“我怎么了，我为何如此，为何是他”这样的思索。

第二，把话说完。让自己把话说完，让对方把话说完。

第三，明白你和对方到底在说什么。太多时候，我们说出来的并不是真正想说的。

第四，感受你的感受。谈话是表层互动，真正的沟通是感受当下你的真实感受。

有人问我："老师，你说的沟通四要素很深刻，但为何我跟老公沟通的时候就是做不到呢？"

的确如此，很多时候你遇到问题求安慰时，朋友总说"这是因为你们缺乏沟通造成的"，也会告诉你该怎样沟通。你听着也很有道理，等回家硬着头皮想说时却又把话咽下了，心想"还是算了，等等看吧"。

你明明心里压着不满和委屈，就是说不出口，宁愿把这些话写在日记里，说给陌生人听，也不愿与伴侣交流，结果总是一声叹息。

所以，在掌握有效的沟通方式之前，我们要明白究竟是什么阻碍了沟通。

究竟是什么阻碍了沟通

或许我们早习惯了简单粗暴。吵架要么只说一个字"滚"，要么习惯了沉默和行动，懒得沟通，直接摔门，眼不见心不烦，不过瘾就再摔几个杯子，表达一下失控，宣泄一下愤怒，要么默默哭一会儿。

这就是第一个因素：沟通太麻烦了。

你要准备时间、地点，要总结情绪感受，要考虑内容，"谈什么、怎么谈、有必要谈吗"之类的，还要考虑对方感受，他会怎么想、谈崩了怎么办等。

最终，你决定放弃。还是一句"滚"比较直接，言简意赅又不拖泥带水，完全不用管对方感受，除了偶尔痛快了以后的小自责，其他都还好。

至于问题是否还困扰你，管它呢，以后再说，反正这些年不也这样过来了。

这就是第二个因素：总在通过预设回避沟通。

“以后有机会再说”就是种预设，用想象制造希望，觉得以后会慢慢好起来，没必要非得现在弄明白，劳心劳力的。

这是人的一种本能，但凡能忍受的，就不愿变。因为所有改变都要直面内心，都要“当作一件大事”来反思、总结、整理、求助、行动、沟通，这本身就是压力，潜意识认为“这不利于安全感”。

这样的预设有很多。

（1）“我不说，你也会懂”

这种幻想性预设每个人都有，源自我们对“灵魂伴侣”的渴望，对被理解的苛求。

语言有时很聒噪，所以，不使用语言，而是一个眼神、一个动作、一个表情对方就能懂你，就知道你的内心戏，就配合你完成“被理解”的愿望，那该多好！事实上，这很难做到，可能只有热恋期的追求者才会千方百计通过你的微表情来试图理解你、读懂你。

这是比较原始的幻想。在生命早期，婴儿不会说话，妈妈不就是这样做的吗？那种感觉简直美妙极了，让你有一种万事可控、无所不能的体验。

人总对失去的美好耿耿于怀，便在脑海中描述了这样的画面：“我不说，你也懂”。

尽管一次次被击碎，但这依然无法阻止渴望，毕竟，那种万事可控的感受太难忘了。

（2）“我说了也没用”

这种预设与第一种刚好相反。这种破罐子破摔的感觉，源自不断失败的沟通经历。

或许你曾经也喜欢倾诉，什么都说，烦恼呀开心呀不满呀，但结果总是鸡同鸭讲。

要么对方根本不听，要么用“嗯啊”敷衍，要么满脸懵懂，更有甚者，他们会否定你、贬低你、羞辱你，或把他们自己的道理灌输给你，让你觉得自己很傻。

这样的事发生过不少，可能是早年你爸妈这样对你，也可能是你的前任、前闺密这样对你，难道你还不闭嘴吗？这就叫“镜映失败”。

这就形成了不大不小的创伤：“我说了也没用”。既然“祸从口出”，那还是算了吧，咬咬牙也就挺过去了。你关闭的不是嘴巴，而是心门。

于是，“我说了也没用”的预设，就变成一种保护措施，让你逃开“说了就被羞辱”的糟糕体验。

（3）“我说了，你就应该接受”

这种预设的表达方式一般是“讲道理”和“抱怨”。

讲道理其实并不是沟通，而是一种思想控制。

我们经常会看到这样的情形。父母用恨铁不成钢的语气反问“你听懂了吗”或者“你再这样下去就……”之类。

这就是讲道理，这种情况不但经常发生在父母和孩子之间，老师和学生、领导和下属之间也常见。这里的预设不但有“我说了，你就应该接受”，还有“我比你更厉害”。

抱怨，则代表“我很委屈，你要补偿我”。

潜意识认为“你不补偿我所做的牺牲，我就以怨恨的形式攻击你”。

这是变相控制，让你知道他有多么不容易，为了你、为了这个家他牺牲了太多，而唯一能让他满足的就是你要补偿他，要按他的要求去做。

如何从懒得沟通到有效沟通

以上种种预设都是逃避，逃的是你和他真正的关系。

你不是不愿意沟通，而是不愿意和这个人沟通。本质在于你们的关系，而不是交流的方式方法。

矛盾的是，越亲密的人越是如此，比如伴侣、父母，和他们交集越多，好像越不能正儿八经地交流。

你之所以回避，是因为你们的关系质量并不好。吵架的诟病，不在于当下这点事，而是这点事勾起了你们之间“不堪回首的往事”。

有来访者对我说：“我懒得谈，若是谈，三天三夜都谈不完。”

以前的陈芝麻烂谷子其实很重要，是真正阻碍你们关系的重点。

所有“懒得沟通”都是因为积累了太多的“旧恨”，在那时你的情绪没充分表达，卡在那里如鲠在喉，即便过了多年，也只是压抑了，不是遗忘了。

若想继续有质量地交往，必须完成那些被中断的感受，否则除了得过且过，别无他法。

记住，你处理的不是和对方的过去，而是你自己内心压抑的感受。你要和想不通的部分和解。

第一，认可自己的预设，即那些拒绝沟通的措施。

比如你可以说“滚”，可以骂粗话，也可以一言不发、装傻充愣、牢骚满腹。因为它们不单单是逃避，还是保护。在力量薄弱的时候保护你不直接面对冲突、面对内心，从而避开了危险。

不沟通是一种自我保护功能，作用是避免伤害。

允许你和对方的僵局存在，就是接纳。因为，你的内在自我还不够强大，需要给自己时间准备。

第二，不一定非得和对方沟通。

“解铃还须系铃人”是一种执念，是一种僵化的自我认知。

你想要的无非是一种被满足的感觉。比如父母控制你、单位控制你、伴侣控制你，记住，这是你的感受，不是他们的感受，你的渴望就是“自己说了算”，而不是像个木偶一样任他人摆布。

你只要满足“自己说了算”的需要即可。这就需要你去修炼、去练习，去你认为合适的场域内满足自己，比如在各种团体、聚会、组织中试着练习。

当然，在这个过程中，你也可能继续受伤，但这就是成长的副作用，有风险是必然的。

能够创造不同空间满足“自己说了算”的需要很关键，不一定非得在一棵树上吊死。不信，你换个人试试，你的预设总会被不同的人格打破，你会被区别对待，所以要敢于试验。

好消息是，等你有了足够“说了算”的体验，再反观让你痛苦的关系就不同了，改变已经发生了。

第三，理解自己的投射。

理解了投射，就理解了需要。

知道自己不喜欢的感受，其反面才是你渴望的。比如你对自己苛刻，凡事要做到最好，那么你的投射很可能就是对他人很敏感、挑剔、要求也会很高，一般人入不了你的法眼。

你把对自己的要求也给别人了。

投射是一种防御，目的在于避免伤害。

所以，很可能你早年就是被无休止挑剔指责，像机器一样地被迫努力，你发展出自我苛刻，来避免不优秀就被责骂羞辱的危险。

其反面是“我犯错也会被允许”，就是渴望宽容与接纳，渴望“不优秀也被爱”。这就是你最深的需求。

了解自己的投射越多，你就越不会把它扔给伴侣和孩子，你们的关系就越真实。

比如，你就不会对孩子太苛刻，也不会对孩子太纵容；不会对伴侣过于敏感，更不会因为伴侣的失误而彻底推翻这个人；也不会为自己将来焦虑，时刻处于警惕、紧绷状态。

有效沟通，是看到了对方这个人，而不是你心中的他，也看到了自己，而不是别人眼中应该的自己。

这样的交流是有效的，关系自然改善，你寻得了自己的位置，更舒展了。

此刻，你甚至没必要非得言语沟通了。

面对情绪失控的亲人，安慰只会适得其反

“痛的时候，我连撞墙的力气都没有”

强哥是我的好朋友。

强哥很坚强，属于“打不死的小强”，名字也因此得来。

若你见到强哥，根本无法和这名字联系起来，身子柔柔弱弱，俊美的娃娃脸戴着副黑框眼镜，微翘的嘴唇自带笑，让你忍不住想靠近。

更重要的，强哥是个女人。

她是一家知名合资企业的销售主管，性格朴实直爽，做事风风火火，说话像机关枪一样“突突突”，不带标点符号，思维活跃，听她谈话稍不留神就跟不上思路。

强哥的业绩全公司第一，五年来一直如此，荣誉证书一箩筐。总裁让她担任销售副总，全面负责销售工作。

在家的强哥，洗衣、做饭、拖地，样样精通，女儿从小就自己带，如今已上三年级。

她老公是语文教师，性格温和，但强哥见老公就来气，说他教女儿背背唐诗还行，在别的事上就像慢吞吞的蜗牛。

半年前，强哥病了。医院诊断为强直性脊柱炎早期，大声说话、咳嗽都疼得要命，只能一动不动地在床上躺着。

再次见到强哥是上周，她胖了不少，面色苍白，神情疲倦，在我对面眉头紧锁，左手按着腰部，时不时叹气。我知道，她在忍着疼。

“知道这半年我怎么过的吗？”强哥吐字缓慢，就像没看到我吃惊的表情一样继续说道，“我都忘了自己是谁了，什么业绩、什么奖金、什么销售副总都见鬼去吧！痛的时候我连翻身都需要别人，连撞墙的力气都没有！”

看着这个“女汉子”，我竟一句安慰的话也说不出来。

强哥望了眼窗外，有只麻雀飞过，她略微沉默，继续道：“这半年想死的心思动了不止一次，知道吗？让我难受的不是疼，而是觉得人活着太脆弱了！一次病就能让人失去全部，什么目标、什么孩子、什么升职加薪根本不重要，上厕所需要有人搀扶，衣服都要别人给我穿。你说，这还算是活着吗？”

我安静地听着，什么都没说，只是一个劲儿给她续茶。

就这样，过了没多久，老公把她接走了，说是要去医院复查，我盯着强哥坐过的沙发，陷入了沉思……

身体疼痛和心理疼痛

或许我们都有过类似经历，不管什么职业、什么性格、什么年龄，你只要陷入某一种疼痛，一切都不重要了。

比如牙疼，在经受那种钻心的痛时，你会想什么？你什么都不会想！你只有一种简单到没法再简单的需要：求求你，别再疼了。

你甚至会求饶："若不让我疼，哪怕损失这个月工资，不再买衣服都行！"

这不是夸张，是事实。

女人生孩子时还会在意被人看见吗？绝不会！她们所有精力都只在"什么时候结束"这个念头上。

有一天，我的关节炎犯了，疼得满头大汗。这时，电台打电话问我能否录一期亲子教育节目，我几乎立刻喊道"不，我没空"。

若是平常，我多半会同意，但在那一刻，我只想让该死的膝盖别疼了，没其他任何需求。

这是个极其简单的事实，很多人却忽略了其中的意义。

一个人有某种剧烈疼痛或疾病时，就关闭了所有对外的通道，不管是听觉、味觉、嗅觉，还是触觉。

此外，关闭的还有物质需要，比如梦想与金钱、房子与食物、化妆品与升迁，还有情感需要，比如爱与自由、恨与嫉妒、羞耻、内疚、尊严、价值。

就像强哥在被剧痛折磨时，不仅工作变得不重要，连要强的性格都不重要了。不能独自如厕，这简直是奇耻大辱，而在那时，却不得不放下。

准确点儿说，耻辱感在当时并不存在，只有疼痛过后，"奇耻大辱"之感才会出现。

你对一个饿了三天的人谈理想，他连扇你耳光的力气都没有，还谈什么理想？他只需要半碗米饭。

身体的疼痛人们或许并不陌生，而心理的疼痛由于不明显，人们往往忽略其本质。

事实上，心理痛苦在发作期一点儿都不亚于身体的疼痛，且由于被他人甚至本人忽略，其后遗症会更严重。

一个人陷入巨大的心理痛苦，同样也会关闭所有对外的通路。

比如重度抑郁发作期间，根本不能从事正常的工作、学习、劳作，也不能爱，亲子关系、夫妻关系都属于累赘，至于睡眠，简直是奢望。

此时，能量全部撤回，只集中于抑郁本身，其他不只是毫无兴趣，而是毫无气力。更有甚者，除了大把吃药，就是躺在床上，连心理咨询都没力气进行。

请记住，他们不是不想，而是不能。

你若不理解，可以参考我的好友强哥的经历，她不是不想独自穿衣服，而是不能。

在那一刻，他们就连这种选择的余地都没有。

心理疼痛带来情绪失控

其实，平常人也会有这样的心理疼痛，只是没强哥那么严重，也没有重度抑郁那么明显而已。

你陷入一种冲突，就已经开始内心的疼痛，只不过就像感冒发烧一样，没牙疼来得那么迅猛。这时，你首先采用的是忍耐，也就是通常我们理解的抑制。

比如，付出得不到回报、伴侣的冷漠、孩子的叛逆、工作的失误、和父母吵架等。你会疼，也会困惑，但它们最初只是在你内心翻腾，外在的你该上班还上班、该吃饭还吃饭，也会不那么自然地微笑。

旁人根本看不出来，也少有人去关注你内心在发生的绞痛。

当你的这种绞痛不能忍受时才开始外化，像强哥用手捂着腰，别人是会看到的。你可能不想上班、不想上学、拖延、迟到、冲孩子发脾气、对小事苛刻评判、看不惯别人、喝闷酒、疯狂购物、玩游戏等。

情绪上你也会有失控表现：发飙、愤怒、悲伤流泪、对抗、漫骂等。

你正在恶化，说明你的力量已无法隐瞒疼痛。就像强哥疼痛难忍时呻吟、女人生孩子时的叫喊一般，这是对外界求助的标志，救助是否成功决定病情的走向。你总会先向亲密的人敞开，因为他们是安全的，只不过敞开的方式是情绪失控。

如果老公冲你发火、孩子突然反抗、父母突然流泪，这些就都是信号。越是没理由，越是不可理解，甚至不可理喻，求助信号就越明显。

对方正处在这样的心理情景下：

◎ 心智下降，此刻的他不是 14 岁，不是 40 岁，而是 4 岁，请记住。

◎ 某些基本情绪暂时“停业”了，像内疚、羞耻等感受暂时“关闭”。

理解这一点十分重要。

不少父母向我反映，青春期的孩子都有过这样的时刻：他们或大声哭喊、泪流满面、撕扯衣服、怒吼、摔东西，或赖床不起、不吃不喝、满地打滚、打自己耳光、撕毁课本，甚至击打父母、辱骂长辈，等等。

诸如此类不一而足。

有时一阵儿，过去就好了，有时好几天都如此，有时则间歇性发作。

面对这样的情况，你往往手足无措，不明白孩子怎么突然变了，像不认识他似的。

震惊之余你会伤心，继而愤怒，甚至绝望，会有如下反馈：长篇大论讲道理、过度紧张、不理不睬、长吁短叹。偏激点儿的开始对骂、怒吼、拳脚相向、赶出家门。

你如此反馈，用不了多久，最多几周，你会发现孩子变了：他或更加疯狂对抗、不写作业不考试、痴迷游戏，甚至辍学；或沉默寡言、孤僻、躲到自己房间、行为诡异。

道理很简单：他的求救信号，你没接收到。你不但没收到，而且认为他不正常了，还开始各种打击，想把他打击回你认为的正常。

他在你这里没得到任何帮助，而且极大挫伤了他的自尊，激发了更大的疼痛。

外界指望不上，自己难以忍受，怎么办？于是遁入某种幻想，比如转移、破坏。严重的话，抑郁、强迫等症状开始出现。

准确点儿说，抑郁、强迫、辍学、网瘾、对抗，都是一种保护。保护的是一种无助和绝望，因为真正的需要未被满足。

面对情绪失控的人，安慰只会适得其反

面对诸如此类的情绪失控，你该怎么办呢？

阿根廷影片《荒蛮故事》节奏清晰简练，对人性的解剖刀刀见血，干净利索地揭露了人情绪失控后极具破坏和黑暗的一面。

影片由六个独立故事组成，前五个都因无法承接彼此的情绪，最终酿成大祸。最后一个故事，则用独特视角向我们展示了如何应对爱人的失控。

一场豪华的婚礼正在举行，新娘却意外发现自己的新郎背地里出轨的情妇就坐在宾客席上。

新娘哭泣着质问新郎，绝望地奔向楼顶企图自杀，并跟一个厨子做爱，被寻她而至的新郎发现后疯狂扬言道："我要得到你的一切，你的房子，你死了我正好拥有一切！只有死亡才能把我们分开！"

更疯狂的事情相继出现，新娘把新郎的情妇摔成重伤，和新郎的妈妈互相撕扯……

她已经完全失控，像个野兽一般，肆意摧毁着婚礼中的一切。

戏剧性的一幕出现在影片结尾。

让所有人意外的是，新郎忍住极大的耻辱和伤痛，缓缓走向新娘，并紧紧拥抱住了她，低头狂吻。

灯光渐暗，激荡的音乐也随之变缓，新娘好像从梦醉中醒来一般，两个人相拥在混乱的舞池中央，激情交融。

在那一刻，新郎理解了新娘的冲动，那是巨大的无助，只不过用摧毁的方式呈现出来。

一个人给你发出信号，重要的不是他怎么了，他为何痛苦，而是他为何给你看。

他是信任你的，觉得你是安全的，此刻你只需要看见这一点即可。

这里蕴藏的意义是：你不能让对方觉得来找你是个错误。

即使对方表面上在冲你发火、推开你，甚至如影片中的新娘般羞辱你，你只需要像新郎那样抱住对方，别说话，情绪失控的人任何语言都听不到。

对方一旦被你抱住，不管是身体的还是心理的，他都会有强烈的现实感和稳定性。一旦感受到你的稳定，他的疼痛就会立刻缓解。

若他再次爆发，你要忍住情绪，继续紧紧抱住他。

等对方情绪慢慢缓解，或一天，或一周，他恢复成人思维时，你再和他一起探索，那些难受与疼痛到底是什么。

关于“难受与疼痛到底是什么”的问题，我们在此不做讨论。但，这还重要吗？作为伴侣或其他亲人，让对方感受到温暖与爱，还有什么比这更重要的吗？

让你感到乏味的不是影子婚姻，而是爱情

“我受够了，可又不知道为什么受够了”

若雨向我视频咨询。

第一次打开摄像头的那个晚上，我只见到了灯光映在墙上的影子，沙发布上布满了碎花，像不小心洒落的墨迹。

足足过了两分钟，她才“飘”进摄像头，一头长发、一袭睡衣、半躺半倚在沙发一侧，和碎花纹融为一体。看到她煞白的脸，我几乎以为，她就是个影子。

若雨的声音缓慢悠长，像转了几个弯才到我这儿，我下意识地把耳塞往深处摁了摁。

她说：“我就觉得很无聊，没意思。”说完瞄了我一眼，我觉得有点冷，她大大的眼睛里没有任何东西，这是种很奇怪的感受，对，是空洞。

剩下的时间里，我慢慢听到了一种弥漫的厌倦和空虚。

工作十几年，日复一日无聊透顶，每个月除月底几天，剩下的都是办公室其余四个人在聊家长里短。“我都懒得听”，若雨如是说。

让她最受不了的是婚姻。

她与老公是大学同学。“我幸福过好一阵子”，说这话时若雨没半点表情。

“七八年了吧，从我儿子出生，我就感到婚姻像一潭死水，没任何波澜，没任何皱褶。”若雨是中文系高才生，说话依然带着文艺风。

“你是不是觉得婚姻很乏味？”我问。

“不是乏味，是厌倦，是一种弥漫的空虚。”她狠狠地纠正道。

“我能说，我和老公是睡在上下铺的兄弟吗？”她接着说，“用兄弟也不合适，搭伙过日子的人吧，他和我一样朝九晚五，我们家除辅导孩子有点动静外，其余时间静得要死人。我受够了，可又不知道为什么受够了，别人不也都这样吗？”

当然，若雨的故事才刚开始，不晓得以后会发生什么，但从开始，我就感受到了一种“影子婚姻”。**“影子婚姻”的特点是：单调、乏味、重复、沉闷，无趣，甚至是一种不断蔓延的厌倦感。**

遗憾地告诉你，这样的婚姻很多，或许就是你们，就算不像这般无聊，至少是平淡的、寡然无味的。

更多人早已习惯，因为找不到理由不接受，就像若雨说的：“生活不就是这样子吗？”

让你感到乏味的不是婚姻，而是爱情

究竟是什么让原本相爱的两个人在冗长的婚姻生活中感到

了乏味?

我必须先告诉你一个事实：让你感到乏味的不是婚姻，而是爱情。

爱情是治愈心灵的良药，但婚姻又让爱情渐行渐远，在诸多亲密关系中，这像一个让人笑不出来的笑话。

我认同美国心理学家斯滕伯格的**爱情三角理论，三条边长分别是：亲密、激情、承诺。所有爱情都是在这三条边长此消彼长中延伸出的无数形态。**

文学和影视作品中描述的大多数是浪漫之爱，激情和亲密无比浓烈，承诺并不是其典型特质。就像夏天的爱恋，热烈而浪漫，秋天开始就是浪漫的尽头。

大多数婚姻失去了这种浪漫之爱，尽管如此，也不能阻止我们被其深深感动着。

这就是第一点，对婚姻的期望值太高了。

斯莱特说：“人们要求婚姻成为个体生命中最亲密、最深厚、最重要和最持久的关系，自然就要求夫妻之间做情人、朋友甚至是相互之间的心理治疗师。”

期望值是某种幻想，也称作“理想化”，它带有某种盲目性，早年越缺失爱，对爱的渴望就越虚幻。

事实却是日复一日的琐碎，理想化就此破灭，之前的山盟海誓被孩子的哭声和柴米油盐击碎。

第二点，好奇与兴奋的消散。

想想你的初恋，那时无论是生理还是心理都在融合中达到顶峰，激动不已、魂牵梦绕、甜蜜爆棚。

好奇是人的天性，对另一个人的好奇更是如此，对发生在你们之间的故事更是如此，如拥抱、接吻、做爱。

好奇心可以常有，但对伴侣的好奇心持续时间可能并不长，随着婚姻的过程是持续下降的。

正如有人所言："浪漫因新奇、神秘和危险而繁盛；却因了解、熟识而消亡，持久的浪漫只不过是自相矛盾的说辞。"夫妻之间袒胸露背、争抢厕所、粗话连篇、相互指责不做家务活、放屁不背人、做爱列计划，哪里还有什么新奇与兴奋。

第三点，有机会接触更有吸引力的异性。

经济独立、自我意识发展、信息流对等，这让更多女性成为职场精英，不再依赖丈夫。女性可以将更多的时间投入工作，夫妻真正单独在一起的时候越来越少。

彼此在职场、社会领域中也更有机会遇见"心仪之人"。这是事实，好奇与激情只是在婚姻中消散了，但并没有在内心消散，另一个截然不同的人可能会吸引你。

当然，接触异性不代表必须要发生什么，我只是想说明：我们对某段关系、某件事物、某个人的感受来自参照物，这参照物要么是内心的理想化，要么来自另外一个人。

乏味婚姻背后的故事，读懂的都幸福了

你不要沮丧，告诉你一个好消息：**但凡觉察到了婚姻中的乏味和厌倦，说明你对爱还有期待、有渴望，同时也代表你正在努力改善中。**

就像若雨，她找我本身就是想改善的最佳证明，没有谁愿意一直待在一个让自己痛苦的位置上。

改变自我，即出路。改变的前提是直面乏味感，以下几点供参考。

（1）“相伴之爱”才是持久的

爱情三角中的“激情”最不可控，来去匆匆，“亲密”和“承诺”却是可控的。

“亲密”这个词用在婚姻中，就如同某种“持续的友情”。杨澜曾说：“婚姻需要爱情之外的另一种纽带，最强韧的一种不是孩子，不是金钱，而是关于精神的共同成长，那是一种伙伴的关系……你们之间的感情除了爱，还有肝胆相照的义气。”

这话有道理，不过若雨说的“睡在上铺的兄弟”也是对的。

伴侣之间以友谊作为基础，延伸出信任、安全感、互相关注和支持，彼此舒服地在一起，这就是亲密感。

有了亲密和承诺为基础的婚姻是牢固的，电视剧《父母爱情》中梅婷和郭涛扮演的安杰、江德福，完整地向我们诠释了什么是相伴之爱。

如果亲密感越来越低，即便还有承诺，婚姻也会出现厌倦和空虚。

许多人在一起一辈子，都只是空虚的婚姻。“……但又挑不出毛病”，这句话指的是：对方没有出轨也没有背叛，我还要求什么呢？

所以，提升彼此友情、亲情的亲密度，是个关键点。

（2）仪式感

仪式感体现在以下两个方面。

一是独属于你们之间的仪式。

你记得对方生日吗？记得你们是哪天走进婚姻的吗？记得曾

一起走过的路、去过的城市、常去的小酒馆吗？仅仅“记得”就已是仪式的某个环节。

别因为生活的琐碎，就忘记你们也曾浪漫过。这与年龄无关，与内心相连。若不然只能说明你被生活俘虏，婚姻只不过是缩影。

至于仪式细节，我想你一定能找到属于你们自己的方式，不管是一盒巧克力、一枝玫瑰，还是看电影、撸串，都是表达的方式。

二是创造并珍惜“第三空间”。

比如孩子、老人生日，走亲访友，过节聚会，等等，你们虽然不是独处，却可以一起布置、计划、参与，这本身就是仪式。

许多乏味，来自夫妻之间共同参与的事情越来越少。

在陪孩子游玩时，你们也一起骑骑久违的旋转木马，或坐坐刺激点的过山车。只要一起参与，相信你们会有独特的体验。

“第三空间”，可以连接彼此，提升彼此的亲密感。

（3）沟通

前提是，你们至少还有沟通的欲望。

我只提两点：

第一，要么就别谈，要谈就深谈。

有始有终，别半途而废。真正的交流必须做到四点，前文已有介绍。

第二，别小看文字。

文字能够描述出语言达不到的位置。

太多时候，语言和行为是导致争吵、冷战的直接导火索，因为情绪是瞬间爆发的，不给你时间准备。

文字则不同，心脑同时运作，又不那么犀利，会更好斟酌，特别适合不能说出口的内容。微信那么方便，不如试试。

了解了婚姻的本质，知道了乏味的原因，知道了改善的方法，更重要的是，你要读懂自己感到婚姻乏味背后的故事。

就像若雨，我斗胆猜测，她的苦恼绝不限于工作与婚姻的厌倦、无聊，一定另有隐情。

那才是真正困扰你的，你的原生家庭、依恋模式、情感经历等。而面对那个部分，你没有方法，只有体验与探索。

方法只让你暂时稳定，探索式体验才是通往内心的唯一途径。**一切由心生，关系只是投影，你需要不断看见内心那个未知的自己。**

反复确认对方爱不爱你，是恐惧被抛弃

“老公，你爱我吗”

“老公，你爱我吗？”

“爱。”

“看着我的眼睛说一遍。”

“好。”

“你会抛弃我吗？”

“不会。”

“无论我做什么你都不会吗？”

“是的。”

“你的眼神出卖了你。”

“可我很真诚啊。”

……

这样的对话，在我们的生活中并不少见。

每个人都有确认“对方爱不爱我”的时候，只是在用不同方式确认罢了。比如：

◎ 生病了不直接让对方来照顾你，看对方来不来。

◎ 说自己喜欢的东西但不叫对方买，看对方买不买。

◎ 不时问对方你的电话号码、生日，你们的纪念日，看对方记住没记住。

……

当然还有极端的，在吵架的时候用不断打电话、伤害自己的行为，来确认对方是否还在乎你。

这些言语和行为，本质上是一种确认。这种确认人人都需要，只是每个人的程度和方式不一样。有的人似乎不用太多确认，就能爱得很安心；有的人却需要不断“作”来试探，爱得战战兢兢。

究竟怎样的确认，才是健康、有利于感情的呢？

为什么要反复确认对方爱不爱你

首先，我们要了解，为什么我们需要这种确认。

这背后，是一种“确认感”在起作用。依据英国心理学家温尼科特的关系理论，确认感的意义是：当一个人的“自我”或“关系”被破坏，形成创伤后，便需要用各种方式确认“我是好的，我们的关系不会破裂”，从而修复“被破坏的风险”。

每个人从小都会有被破坏的经历。

自我的破坏，比如小时候父母要求我们几点吃饭、吃什么、几点上厕所、如何冲马桶、几点必须睡觉等，这些正常的规矩会约束我们的自我，不知不觉地破坏了我们的自我体验。

而关系的破坏，则是从一些必要的分离、冲突开始的。比如入园、偶尔的责备，甚至打骂，会让我们怀疑“爸爸妈妈是不是不爱我了”。

这时，确认感就会产生。

小时候，我们会这样做：“妈妈，我要尿尿啦”“妈妈我要睡啦”，每一次去厕所和睡觉都要“通知”妈妈，此刻就是在寻求确认。

妈妈只需要说“知道啦，你去吧”即可。

这无意间传递了“妈妈在”的感受，孩子就会安心。

成年后，我们也会有这样的确认，比如问对方想不想你、你分享的话题对方愿不愿意听……

这些都再正常不过。

如果大部分确认可以得到合适的回应，那么破坏所产生的不安也可以得到缓解。随着一次次的缓解、关系的加深，确认的方式也会转化。

很多亲密稳定的情侣、老夫老妻，他们不再用语言表达“你还爱我吗”，而是体现在对彼此的行为和感受上。

比如，加班他会给你打电话吗？天气不好会问候你吗？生病了会照顾你吗？特殊纪念日他会记得吗，有仪式吗？你的新发型他会看见吗？你们一起看电影吗？一起旅行吗？你们睡一张床吗？对彼此身体感兴趣吗？……

这些隐性确认，恰好让人感受到点点滴滴的爱与温暖，是很健康的必要的确认。

而真正造成困扰的是，过高的确认感。

真正可怕的是过高的确认感

过高的确认感，并不是凭空而来。

也许是早年被严重地破坏，容易感到不安。

例如，每次犯小错（尿裤子、不吃肉）就会被大声打骂；或者遭遇过严重的被抛弃、被迫分离等事件。

也许是每次确认时，很多父母不理解，没有给出回应。

例如，父母觉得好笑或厌烦，“尿尿、睡觉都要汇报”……孩子越和父母说，父母就越不回答。

这时，不安无法得到缓解，越堆越高。于是，确认自己安全的需要也越来越多、越来越强烈。

即使到了成人，还是习惯需要频繁确认来缓解居高不下的危机感，就算对方给了回应，也不敢相信。

我有一个朋友，她的确认感就过高，但这是有源头的。

她说，“从记事开始爸爸妈妈就吵架，最后我实在憋不住了，就劝爸妈离了婚”。这就是安全感的破坏。

在家庭关系中不断出现动荡和危险，父母没有太多的能量回应她的需要，她就在丈夫身上寻求疗愈。比如，她会经常问：“老公，你是不是不爱我了？”“你是不是觉得我不好了？”“你是不是丢下我不管了？”

表面上是没事找事，实际上，她是通过不断确认，来让自己感到“你不会像父母那样抛弃我”“我在你这里是安全的”。

这种过高的需求，不是我们自己造成的，却常常不自觉地给伴侣带来很大的负担。

在婚姻生活中，这无疑是对彼此的一种消磨。

若不是不安全感太强烈了，没人愿意这样折腾。而细究这种居高不下的不安感，背后其实都是一种被抛弃的恐惧。

美国著名心理治疗师苏珊·福沃德博士曾说过："早年经历太多忽视和否定，情感得不到满足，觉得自己是没人爱、没人要、没人关心的人，总会以为自己被抛弃了。"

例如重男轻女环境下的女孩、成绩差或达不到父母高要求的孩子、从小父母离异或被抛弃的小朋友们，若没有人让他们可以确认"我是安全的、我还被爱着"，这种被抛弃的恐惧就更有实感了。

长期处于这种无法缓解的恐惧中，我们就会产生一种错觉：我不配被爱。

于是，我们更容易从一些细节中觉得对方是不是发现了"我不值得爱"，想要抛弃我，因此更需要一次次过度的确认。

而过度的确认，往往会从两个方面，再次重复被抛弃的"命运"。

第一，如果对方无法理解这一点，也没有太多的能量可以支撑，就很容易被消磨到放弃这段感情，再次让我们印证"我不配被爱"的观点。

第二，如果对方不放弃，但也无法一直回应，那么我们就会感到求而不得，很容易进入一种更猛烈的状态——反向确认。比如经常吵架、离家出走，甚至自我攻击、生病，等等，以此闹出更大动静测试对方的态度。

就像苏珊博士的一些来访者，吃了一整瓶安眠药，然后打电话给另一半，或者吵架后把家里的灯全部砸掉。

这样的测试，成功概率很低。

往往到最后，对方忍无可忍，决定退出。

就像来访者们的伴侣，接到电话后不亲自赶来而只是叫医生过去，或者看一下砸坏的家具后马上离开。

这些，最终都会再次让我们体验到被抛弃的感觉。

相信自己值得拥有不错的关系

那么，要怎么办才好？

如果你是一个需要高度确认、无法自控的人，也许下面三步可以帮到你。

（1）探索造成不断寻求确认感的重要源头

每个人的背景不同，养育模式不同，对同一件事的感受也不同，找到独属于你的主要情结至关重要。

找这个源头，不是为了去怨恨，而是可以让我们更好地疼爱自己、理解自己，并接纳自己那些无法自控的“矫情”。

这时，失控不再是一团模糊的攻击和“作”，而是一种基于你成长经历的“必然”结果。

意识到这一点，我们更容易冷静下来。

（2）分清现在的关系≠以前的不安

如果我们没有意识到，现在的关系不等同于以前的关系，我们就很可能一直把对方当作小时候让我们不安的父母，不断去确认。

伴侣怎么做，都很难填补我们内心的安全感。这时，我们不妨和伴侣一起商量一种具有边界的、安全的确认方式。比如，调整一下语言和方式。从急躁的“你不爱我了”“男人都是负心汉”类似负面的语言，调整成“你为什么这样做，你有没有想我”。

这些必要的调整和信任，会让对方从高压中解脱，更好地给我们确认，帮我们打破“被抛弃”的恶性循环。

（3）丰富确认的途径

人之所以痛苦，不是因为模式有问题，而是因为模式太僵化、太单一、不够灵活。

我们常常向一个人身上刻板地寻求确认，直到压倒这根唯一的稻草，却不知道，其实有很多途径可以缓解我们被抛弃的焦虑。

比如工作中的成就感，兴趣中的享受体验，关系中的倾诉对象，在大自然、小动物中的放空与自由，等等。

享受这种积极体验，并在其中给自己做确认：我是一个不错的人，我值得拥有不错的关系。

这些多元的确认，其实就是把鸡蛋放在多个篮子里，避免我们因为某一种确认的消失，而彻底否定自己。

毕竟，随着婚姻生活的琐碎与平淡，每个人都需要找到确认的不同方式和途径，一方面保持自己相对稳定的自我感，另一方面也不至于把彼此感情消磨殆尽。

这才是最健康的模式。

别因为内疚，去“爱”一个人

“每次想到从前的好，我就打消了离婚的念头”

曼婷想离婚很久了。

她和老公是大学同学，从恋爱到结婚感情一直稳定。自从有了孩子，他们的距离越来越远。

他们吵过闹过后，现在基本处于麻木状态。

用曼婷自己的话来说：“家庭就像我们两个人的旅馆，除了必须要交流的事，我们从不说话，连搭伙过日子都觉得累。只有一个人的时候，才觉得舒服点。”

“倒也没发生特别的事，只是对彼此失去了兴趣，就算他在外面有了女人，也和我没啥关系。”曼婷这样说的时候十分平静，“我们一点一点感受不到爱了，更没什么依赖。”

五年来，曼婷无数次想过离婚，也做过努力，试图改变自己、适应对方、适应婚姻，最终都是徒劳。

“那，你觉得是什么还能让你们在一起呢？”我忍不住问道。

“因为内疚。”曼婷的回答干脆利落，“想到离婚就像伤害了什么。我们原来很相爱，刚毕业那会儿，一起度过了贫穷却很快乐的时光。每次想到从前的好，我就打消了离婚的念头。”

因为内疚，挣扎在没了爱的婚姻里

其实，曼婷这样的婚姻并不在少数。

出于种种原因，两人没了感情，也找不到什么价值感，更谈不上被支持和滋养，却一直在苦苦维系，好像这样就能回到从前所谓的美好。

其实，有一个事实终究是要面对的：两人真的已经不爱了。

之所以还在婚姻里，除了经济成本、孩子、外界评价之外，更重要的是内疚感。这有点儿像贩卖“感恩”的亲子训练营，教练声泪俱下大谈孝道，搞许多“给父母洗脚”“给父母磕头”的噱头，来强化孩子的内疚。让孩子知道父母的不易，然后要感恩、要孝顺、要懂事，否则就是大逆不道。

伴侣之间也是如此。明明已没了爱情，却还要回忆从前的浪漫和海誓山盟，让自己觉得分手就是不道德，就是背信弃义。

因为这个人：

◎ 在最艰难的日子陪过我。

◎ 在重病时照顾过我。

◎ 贫穷的时候不嫌弃我。

◎ 对我家人曾百般照顾。

◎ 在金钱上给过我资助。

所以，就算是没了爱情，也要对他好，否则你就是个没良心的白眼狼。事实上，你不需要因为内疚感去“爱”一个人，那是同情、报答、亏欠，却已不是爱。

有个朋友，眼睛看东西模糊，交往了几个男友都是因为这点而分手。

几经波折遇见了现在的老公，当时他非常痛快，称“只要相爱，我不在乎你的眼睛”。

凭着这份感动，他们走进了婚姻。

如今，朋友很难从老公身上找到当初的感觉，也感受不到他的爱。

老公经常出差，大半年才回家一次，还有几次在他手机中发现了他和几个女人的暧昧信息。即便如此，朋友还是没法开口提分手，就因为当初老公的那句话，那份已很遥远的感动。

如果分手，就背叛了那份“恩情”，为报答老公的“知遇之恩”，苦苦挣扎在没了爱的婚姻里。

无独有偶，我和另一个朋友聊天，他也在如此的挣扎中。

“我们家族三代婚姻都不幸福，但从没有过离婚史。我爸觉得这是家族的骄傲，所以尽管痛苦，我也从没想过真的离婚，想到离婚会给父母抹黑，给家族带来耻辱，我就忍了。”

很多婚姻的维系，除了两个人的内疚，还来自对家族和父母的内疚。

这些影响如此深远，让我们内心某处，被内疚牢牢束缚。

很多人不敢离婚，以孩子为借口。

这表面上看起来是为了孩子好，怕孩子承受不起父母的分离，实际上是为了缓解自己的内疚感，结果让三个人陷入更加痛苦的境地。

最近我在看一本书《越简单，越美好》，很认同作者对北欧人爱情态度的描述：“经济的独立和对生活品质的追求，决定了两个本是陌生的男女，因情生爱而组建起来的家庭，绝不会是因为物质、孩子或者双方老人等这样的因素而存在。”

可见，在他们的认知里，孩子并不会作为父母不离婚的借口，也不会成为缓解自己内疚的工具，而是告知真相。没有谁可以剥夺另一个人知道真相的权利。事实证明，这样的做法，孩子都会慢慢接受，而不是接受被欺骗。

更普遍的是，我们周围不少离异的家庭，孩子并不知情，甚至多年保持着“离婚不离家”的荒诞状态。

其实，重点不在于离婚不离婚，而在于你人格是否独立，脆弱的人会用内疚进行掌控，维系内心的虚弱与恐惧。

诗人徐志摩公布了和张幼仪的离婚消息，这是中国近代史上一桩非常著名的离婚事件。

徐志摩认为他们不应该继续没有爱情、没有自由的婚姻生活。自由离婚，止绝苦痛，始兆幸福。

徐志摩在追求着一种心中的真爱，或许这和林徽因无关，因为最终他们也没在一起，这只是徐志摩对内心真爱的勇敢追求。

如今，像曼婷这样被束缚在无性、无爱婚姻里的人不在少数。

其实离婚本身并不重要，重要的是你要勇于面对自己，敢于直视你和伴侣之间已经没有了感情，而不是活在虚幻的想象中。

影片《非诚勿扰》里面有这样的离婚典礼——

葛优扮演的秦奋宣布："今天见证我们共同的好朋友——芒果和香山结束他们维持五年的婚姻，从夫妻变回熟人。""芒果，你诚实地回答我，从今往后，不论香山多么富有、多么健康、多么爱你，你都不愿意和他在一起吗？"

芒果："不愿意。"

"香山，你诚实地回答我，从今往后，不论芒果多么漂亮、多么动人、多么爱你，你都不愿意和她在一起吗？"

香山："不愿意。"

"下面请二位互相交回戒指。"

虽然这只是电影中的一个情节，也有些理想化，但我们能够感受到分开和在一起同样重要、同样神圣，完全没有苦大仇深，更没有用内疚捆绑彼此。

你的内疚最好你自己承担

如果内疚成了维系婚姻的筹码，爱情就已变质。

强迫自己"爱"一个不爱的人，压抑就一定会通过其他方式呈现。

◎ 比如发生婚姻以外的情感。

◎ 比如把内疚投射给孩子。

"若不是因为你，我早和那个混蛋离婚了"，类似这样的话我们可能并不陌生。当离婚受到良心谴责、引发巨大内疚时，"为了孩子”就成了最好用的借口，为内疚找到了合理的出口。

而这会引发孩子更大的内疚。

曾有一个来访者小方，就是这样被“催眠”长大的。

小方妈妈家境很好，可一场大病让她陷入抑郁，正在那时候，她认识了小方的爸爸。小方的爸爸是个农民，家庭也很贫穷，却无微不至地照料小方妈妈。就这样，他们走进了婚姻。

婚后问题出现了，小方妈妈有思想又独立，也有能力。在小方妈妈眼中，小方爸爸是个胆小怕事的人，整天唯唯诺诺，害怕冲突。

从此两个人开始了无休止的争吵，每次吵架，小方爸爸总蹲在角落默默抽烟，小方妈妈更加愤怒，说自己瞎了眼，甚至说小方爸爸根本就不算是个男人。

“要不是当初他照顾我，我才不和这么窝囊的男人结婚呢”，妈妈无数次对小方这样抱怨。

很多时候，小方真的希望他们能离婚。

后来小方也明白，妈妈之所以不离婚，是因为爸爸救过她，离了别人会说闲话，这会让妈妈内疚。

于是，妈妈把全部精力放在了小方身上，什么事都要管她，非常严格，称女孩要指望自己，男人都是软弱的，根本靠不住。每次小方成绩不好或不听话，妈妈就会大哭，有几次扬言不活了，活着没意思、没盼头。

如今，小方也面临着离婚，孩子才一岁，她老公也是个软弱的人，当年妈妈的遭遇再次出现在了她身上。

“我哪儿错了，凭什么他们的感情要我来承担？若早一点儿意识到这个就好了。”小方这样说。

现实中，小方父母这样的情况并不罕见。

他们把对婚姻的不满转嫁给孩子，让孩子来报答。他们通过让孩子内疚控制孩子，控制自己的婚姻。

不得不说，这是可悲的结果。

平平淡淡也许才是情感真相

如果通过各种努力依然毫无进展，婚姻变成了折磨，就像挣脱不掉的牢笼，彼此毫无乐趣，没有交集，或充满了暴力与羞辱，只因为内疚而苦苦支撑，我们不妨好好反思一下，为什么会这样。

张爱玲说过："说好永远的，不知怎么就散了。最后自己想来想去，竟然也搞不清楚当初是什么原因让彼此分开的。然后，你忽然醒悟，感情原来是这么脆弱的，经得起风雨，却经不起平凡……"

重要的是，我们要正视自己的情感真相。的确，**大多数婚姻都慢慢变成了亲情，没了浪漫与激情，两个人过着平淡的日子。这并不代表婚姻的失败，反而是另一种在一起。**

出轨满足的是价值，婚姻满足的是安全

说到出轨和婚姻，我们需要认清其发生的意义。我们会有好多种解读方式，这里我想用“需要理论”进行描述。

需要是人的一种本能，在比较低级别的需要上，人和动物极其相似，比如饥饿感导致的进食需要。

需要的本质在于满足，无论通过什么方式总在寻求某种满足，满足之后这种需要才会暂时消失，否则会引发更大的焦虑和恐慌。

从这个角度而言，需要是人活着的基础动力之一。

出轨，满足了价值需要

出轨，满足了人的哪些需要？

我们这里谈的出轨，指的是社会层面的普遍认知，和伴侣之外的另一个实实在在的人发生了爱情与性关系。所以，婚姻内的性幻想和精神出轨不在讨论范畴。

一千个人有一千种婚姻状态，同时也有一千种出轨的理由。

比如婚姻内感觉不到温暖与爱、被暴力对待、被冷漠对待、空虚孤独、压力大、伴侣出轨、家庭变故、性生活不和谐、频频受挫等。

为满足婚内得不到的补偿需要和伴侣导致的报复需要，人们就会选择从另一个人那里得到，加上外部条件促和，就会发生出轨的事实。

我很少看到出轨满足的是基本需要，比如为了吃得更好、穿得更好，为了住大房子，就算是为了性需求也是某种情感依恋而非纯粹性需要。

出轨满足的更多是某种价值的需要。

说得直白一点，**出轨满足的是“在另一个人那里我值得被爱”的需要。**

这种需要直接区别于任何生命形式，是人类特有的、高级别的需求。

这种需要之所以产生，是因为婚姻中未被满足的部分越多，从另一渠道获得满足的动力就越强。

有人选择了拼命工作，有人选择了过度关注孩子，有人选择了物质滥用（比如酒精和毒品），而更多的人选择了从另一个人那里得到满足。

我们从不把“过度关注孩子”和“工作狂”看作出轨，而是把和另一个人的情感看作出轨。其实本质上，这些都应该被称为“出轨”。

这种“被爱”的需要，分为两种主要感受。

（1）“我是被尊重、被理解、被关心的”

在情人那里，我们的思想和身体是被接纳的、被欣赏的。这就让我们有了一种理想的感觉：在这个人那里，“我是好的”。

至于情人的外貌、金钱等外部条件，可能并不如自己的伴侣，但“我是被看见的”。

这种需求十分重要，往往源自早年植入我们内心的“理想的异性形象”。每个人内心都有这样的异性形象，这与早年我们周遭的异性的态度有关，比如父亲对母亲的态度、父亲对我们自己的态度。

如果父亲对你是有爱的，你就很难降低标准；如果父亲对你是苛刻冷漠的，你对温暖有爱的渴望则更加强烈；如果你从小被父母挑剔和指责，你就会觉得只有把事情做得合他们心意才会被爱，你成绩好才会被喜欢，否则就不值得拥有。

每个人都渴望对方爱的是我这个人本身，而不是我的某些功能。这些功能包括身材好、长得漂亮、会赚钱、有上进心、温柔体贴、会照顾人、矜持懂事、乖巧贤惠，也包括激情和性魅力。

而在情人那里，你本人之外的一些东西很少被关注，好像可以真实地做自己。

（2）“对方很特别，这让我感觉很好”

比如，他和我老公不一样，他和我父亲很像。比如，他活得很精彩、很有趣、很有魅力。

这是一种无意识的比较，看起来像对方的“特别”引发了情感，其实很可能是因为对方活出了你活不出的状态。

比如，你是个传统的、按部就班的、遵守规则的、做事小心谨慎的人，就很容易被做事夸张的、不按常理出牌的、勇敢豪放的、浪漫潇洒的异性吸引。

综合以上两种被爱的感受，出轨的人的需要分别是：

◎ 在你那里，我有着众多美好体验，证明我是一个有价值的人。

◎ 在我这里，你活出了我想要的样子，这让我的价值感有所寄托。

所以，出轨满足了他们的价值需要。

婚姻，满足了安全需要

不过，婚姻满足的是安全需要。

婚姻的生物学价值来自繁衍后代。

如今几乎很少有人为了生孩子而结婚，最初目的也是满足价值感，有着和情人在一起的相似体验。只是后来慢慢变了，其中有诸多原因，但有一点显而易见：如果一个人失去了爱的感受就会退而求其次，那就是安全感。

最重要的安全感来自社会文化的基本存在形式，时至今日，尽管会有独身主义，但家庭依旧是社会的主流模型。

一个人之所以能够有活下去的动力，是因为有归属感，这让人产生很多生活的意义，而不孤独。

众所周知，归属感是安全感最基本的保障。

家庭的组建就是如此，绝不只是和情人在一起的感受，这是一种多元化关系，彼此的父母、亲朋好友、人际圈子、物质经济、共同经历等相互融合相互交织，更重要的是有了共同的孩子。

这就形成了某种独特的团体，究其一生，这个团体的任何变动、丧失、新成员的加入等，都会影响到团体中的每一个人。

人类能够成为地球的主宰，就是因为合作，而不是独斗。

单打独斗方面，我们在不使用工具的前提下，无论如何都不是老虎的对手。我们都是以“部落团体”形式存在的，就算外出打猎也是团队协同作战，而不是一个人。

家庭、家族就是这种形式的演变，婚姻就是演变的最主要形式。

所以，婚姻中的价值感总是让位于安全感。

婚姻中，价值感必然让位于安全感

安全感有两种体现：

（1）不期待伴侣多么爱我，但至少不要伤害我

糟糕的婚姻，双方都在回避伤害，而不是追求爱情。

“我可以忍受不被爱，但我不能忍受被伤害。”这也是种需要，听起来有点儿伤感，但很多婚姻的确如此。

就好比一个孩子经常被虐待，但又需要活下去，他的内心并不苛求父母表扬他、赞美他，而只是希望父母别打他，甚至只要打得不如上一次严重，就满足了。对这个孩子来说，父母的温暖与爱是奢望，不再虐待就是安全。

安全感对每个人来说都不同，最基本的就是能够提供活下去的条件。一个人饿了两天，绝不会只要鲜美的牛排，而是随便什么吃的对他来说都代表安全。

一种低级别需要未被满足，人绝不会追求更高级别的需要满足。

离婚意味着归属感丧失，这会产生极大的不安全感，人会尽

最大可能维系婚姻，离婚绝不是首选。

离婚不仅是两个人关系的结束，同时瓦解的还有自己的生活方式、团体模型、基本态度等，这都需要重新建构。

孩子之所以能够成为父母离婚最大的阻碍，很多时候是因为我们担心孩子以后的生活和发展受挫，更重要的是，我们不能接受由于自己的原因导致的巨大愧疚感，这会直接影响我们的安全感受。

只要婚姻中的被伤害程度小于我们自己对安全感的需要，婚姻就不会解体。

（2）对未知的恐惧

谁也不能保证离婚后一切都能更好。

与情人结婚能保证比现在的婚姻更好吗？经济来源、健康状况、生活方式等重新洗牌之后会怎样？

人最大的恐惧是对未知的恐惧，而不是对当下的担忧。我们宁愿待在漏雨的房子里挨饿，也不愿冒着风险去丛林深处打猎。

如果一种风险是未知的，我们宁愿待在一种安全的痛苦里面，离婚往往也遵循这个原则。

当对被爱的渴望、对寻找灵魂伴侣的期待，存在未知的、不确定的风险时，我们往往会优先选择待在婚姻中，尽管并不是我们想要的样子，至少没有对将来的恐惧。

由于出轨满足的是价值需要，婚姻满足的是安全需要，当二者发生冲突时，价值感必然让位于安全感。

总之，不管是情人还是伴侣，不管出轨抑或离婚，这都是独属于你的一面镜子。

它们照出了你的渴望与需要、压抑与委屈，也照见了你的行为模式和处事风格。

它们反映的是你的潜意识渴望和依恋模型，而这会牵扯你的原生家庭的影响，以及过往的内在经验。

生命是不断寻找真实自我的过程，其他一切都是在配合完成这个过程，你需要的是深入探索内心，而不是纠结于离婚不离婚或出轨不出轨。

你的“浓烈之爱”是讨好与控制

记得一次春节后，大家恢复到有规律的生活之中，很多人长舒一口气：这个年，终于过去了！

和几位朋友聊起来，都有类似想法，每个人奔波于走访拜年、走亲访友、同学聚会中，都在不得不进行一年一度的仪式。

“这完全不是假期，是遭罪！”一个朋友说。

“是呀，平常周末还有点儿时间。可过年，时间好像不是自己的，真累！”另一个朋友接着说。

“我倒是一个人，可除了吃就是睡，无聊透顶。唯一的收获就是胖了三斤。”有个女士打趣道。

“同意同意，平常嚷着要休息，真休息了觉得像是坐吃等死！”一个男士接话道。

大家七嘴八舌，观点却非常一致。我也深表认同。

假期我是以旅行度过的，按说旅游是放松，依然有些忙乱，内心并不踏实。

就算我一个人走到了玉林路的尽头，也等到所有的灯都熄灭了；也去了传说中的小酒馆，酌了几杯；在那个城市一遍又一遍听着赵雷的歌……但内心始终无法静下来。

直到我坐在工作室，突然明白了为何如此，也体会到了朋友们的感受。无法平静的不是过年的忙碌，更不能怪罪假期，而是失去了熟悉的生活模式。

人人都想要“被需要”的价值

人在一种模式待久了会乏味，而离开则会恐慌，短暂兴奋后，会因陌生而焦虑。**真正让我们焦虑的，是失去了某种价值感。**

不管你从事什么职业，身处怎样的环境，都是有价值的，至少有一种存在感。这种价值或许是获取利润，或许是提供服务，也或许是享受团体的融入。

在其中时会乏味，也很辛苦，但离开久了就不适应，除非再次回到这种模式。

这就是为什么许多人嚷嚷着不喜欢自己的工作、讨厌自己的伴侣、为孩子的学习闹心，却做不到辞职、离婚、不管孩子。

因为，在其中你是“被需要的”，这种“被需要感”就是需要。

你通过被伴侣、被家庭、被他人、被社会需要来体现价值，觉得自己还是有用的，还是重要的，还是有归属感的。

心理学家罗兰·米勒在《亲密关系》中说：“正是关系给人带来了归属感，归属需要是人类长期演化的产物，逐渐成为所有人共同的自然倾向。”

我在旅行途中看了一部纪录片《宇宙的奥秘》，讲述的是宇宙的起源与演变，看完十分感慨，心生悲凉。

因为从如此宏观视角去审视地球简直微乎其微，而整个人类史更像撒哈拉沙漠中的一粒沙，转瞬即逝。

而作为沙土般存在的我们，如何活着才有意义？

我认为，这主要是通过在亲密关系中的“被需要”来实现的。

有时候，甚至某种氛围便可实现这种“被需要”的价值感。

比如，我回到工作室，坐在咨询室的沙发上，尽管还是独自一人，但某种熟悉的味道扑面而来。

就像每个来访者坐在我面前，如此生动，每本书也都活了，打开电脑的瞬间，我的心突然静了。这种感受是赵雷的歌曲《成都》无法给我的。

这种味道叫“我是被需要的”，这种味道被温尼科特称为“过渡性客体”。

我的那几个朋友回到了工作岗位，顿时满血复活，尽管嘴里嘟哝着累，内心的满足却不言而喻，因为“被需要”的感受又回来了。这包含着最基本的安全、熟悉、踏实等诸多体验。

从这个角度而言，**人生的意义就是最大限度地满足“被需要”的感受，这种感受一旦被剥夺，人瞬间就会虚空。**

很多人退休、辞官、破产之后的抑郁，皆来自此。

“为他好”不是他的需要，是你的需要

“被需要”的度把握不好，很容易演变成过度控制和讨好。

经典日本歌舞片《被嫌弃的松子的一生》讲了这么一个悲惨

的故事。

松子的童年是不被需要的，父亲把所有的爱都给了体弱多病的妹妹，在松子看来自己是不被爱的，是被嫌弃的。

偶然有一次父亲带她去看舞台剧，不苟言笑的父亲居然被台上的小丑逗乐了。松子好像意识到了什么，于是学着小丑的样子扮鬼脸逗父亲开心，父亲被逗笑了，松子感到莫大的满足。

从此，这个可怜的女孩为了得到父亲的关注，经常扮鬼脸，也只有在这个时候，她才是被需要的。

这种模式伴随了她的一生，成人之后的松子为了被别人需要、被爱，变得各种讨好，甚至不惜牺牲自己的尊严和身体。

松子一开始是音乐老师，这也是父亲所喜欢的，后来由于包庇学生承担了全部错误，得罪校长而被开除。

接下来，松子开启了坎坷凄凉的一生，她遇见过各式各样的男友，有作家、理发师、赌徒等，每段恋情松子都充满渴望，全身心地付出。

过度讨好、依附，无条件信任与投入，却换来男友们一次又一次的抛弃与打骂，她甚至沦为歌妓，后因误杀一男友锒铛入狱八年。

一切讨好没有换来渴望的爱，松子暴饮暴食、终日买醉，最终被一群不良少年群殴致死，结束了自己悲惨的一生。

过度渴望“被需要”的人身上，或多或少都有松子的影子。

有位来访者当初为和老公在一起得罪了父母，远嫁他乡，有孩子后便辞了工作，生活重心全放在他们爷儿俩身上。

她为了孩子在学校旁边租房子住，中午还去给老公送饭，婆家的所有家务也都承包了……老公却背叛了她，和别的女人相爱了。

这样的悲剧和松子很像。

如果一个人的价值最大限度地放在另一个人身上，在处心积虑地让别人需要自己，就成了“囚徒”。

你也许在程度上没有松子和我的来访者严重，但很多时候，也正在不自觉地“过度被需要”。

此时，你要明白：满足一个人是他的需要，还是你的需要。

这种区别其实很简单，你甚至可以直接问对方。比如，你认为天冷要给孩子套上厚厚的外套时，可以问问他：“你需要吗？”

我想起了一个笑话。

寒冷的冬天，砍柴人边砍柴边照料一岁的孩子，砍了一会儿，觉得热就把棉袄脱了，为了不让孩子也“热坏”，就把孩子的棉衣也脱了。

他又砍了一会儿更热了，于是把自己和孩子的单衣也脱了。后来还是汗流浃背，他光着膀子继续砍柴，被他脱光衣服的孩子却活活冻死了。

我并不觉得这有多可笑，反而觉得可悲，因为现实中很多父母就是这砍柴人。

我们正在拿自己的需要当孩子的需要，还要冠以爱之名，其实那是通过孩子来满足自己。我们希望自己是“被需要”的，而并没理解孩子的真实需求。

给孩子报很多补习班、让他跟你去应酬、逼他去奶奶家、让他多吃肉、不准他周末外出、让他考前十名……

这是他的需要吗？你或许会说“这都是为他好”。但你问过孩子吗？你嘴里说的“为他好”，他同意吗？

所有不经过别人同意的"为他好"，都是你自己的需要，都是以爱为名的控制。

让孩子觉得"为他好"，就是你的"被需要感"满足了。

通过被孩子需要体现自己的某种价值感，或许包含：让自己看起来有面子、不让他人耻笑、不被老师点名、完成某种未完成的心愿等。

以前看过这么一个小故事，很多网友都说"感人"。

一对夫妇相濡以沫，每次吃鱼，妻子都把鱼头留给丈夫，而丈夫也会把鱼尾留给妻子，彼此报以感激并吃得很香。

他们互相扶持走到了生命的尽头，弥留之际，丈夫含泪告诉老伴这个细节，感谢她多年照料，一直留鱼头给自己，并笑着说："其实，我最喜欢吃的是鱼尾。"

老妇人不禁老泪纵横。

这辈子一直把自己最爱吃的鱼头留给丈夫，不料丈夫最爱的却是鱼尾。

其实，我不觉得感人，反倒觉得可悲。

我们总以为自己喜欢的就是对方喜欢的，不管是对伴侣还是孩子。

我曾接待过一位成功男性来访者，他不明白老婆为何不开心，他每次出国都会给她买最好的化妆品、各类奢侈品，妻子的穿戴比周围任何人都光鲜亮丽。

"难道还有什么不知足的吗？我已经把最好的都给了她，房产证上写的也是她的名字。"

我看着这位"大款"，不免一阵心酸。

他通过自己最喜欢的方式，把妻子包装成了贵妇人，以为如此对方就该知足、感激，可他忽略了需要的主体——是为了让妻子光彩照人，自己有面子，还是对方真喜欢金银珠宝？

和可怜的松子一样，都在用自己认为“被需要”的方式获得满足，恰恰忽略了付出本身正是自己的需要，而不是为了满足别人的真实需求。

你的“浓烈之爱”，只会让人退避三舍

其实，一旦意识到自己的付出、所谓的牺牲，以及不求回报之类都是自己“过度被需要”，就不会那么难受了。意识到关系中付出的本质是什么，也就不那么执着了。

因为你会对自己过度要求完美，过度承担别人情绪，若对方因一点瑕疵而不开心你还会自怨自艾和内疚。

就像松子，她之所以被嫌弃，是因为她过于背负别人的情绪，总想满足他人而丢了自己。**别人会因为你的“浓烈之爱”而退避三舍。**

凡事物极必反。

你可以承担他人一时之痛，却无法承担他一辈子的情绪。

过度照料、过度讨好，都是过度控制的变形，那是你的需要，而你的需要就是“过度被需要”。

正如印度著名哲学家克里希那穆提所言：“如果偏要把别人拉到你的生活轨迹上，或者你又要强行进入别人的世界，最终的结果无非只有两种，要么在自己的世界里等死，要么在别人的世界里被扯到四分五裂。”

如果一个人不认为自己有多么重要，他可以活得非常快乐。

允许关系以不同的形式存在

娱乐圈的分分合合一直都占据热搜的榜单位置，谁也不清楚这些爱与别离背后有多少鲜为人知的故事，但微博中的这两句话引起了我的注意。

“我们不再是我们，我们依然是我们。”

“情感的形式会变。”

无从知道他们是否真可以做“我们”，只是这两句话的确非常有价值。它们道出了一个只有在成熟人格中才有的重要特征：允许一段关系以不同的形式继续存在。

“分手还能做朋友吗”

在“分手还能做朋友吗”这个辩论主题中，多数人选择做不了朋友，是因为对爱的独占。

成为“最熟悉的陌生人”和“相忘于江湖”更容易被接受，因为这成功逃开了某种恐惧。

我有个朋友会很快进入一段关系，对方对他好点儿他就恨不能马上把自己交付出去。

类似于《千与千寻》的无脸男，千寻只是冲他礼貌地点点头，把雨中的他让进了旅舍，从此无脸男便对千寻寸步不离，倾其所有加以回报。

我的朋友也是这样，无论恋情还是友情，开始会十分珍惜、加倍付出，各种体贴温暖，对方也备受感动，情感迅速升温。

可好景不长，**过度体贴和照顾渐渐让别人有了压力。**他对此相当敏感，哪怕对方一点点不耐烦都会在他内心掀起轩然大波，继而自怨自艾，或指责对方，这使得双方关系走向边缘。

更糟糕的是分手的决绝，一点儿也不给对方解释的机会，好像从此不复相见，之前在一起的时光完全是浪费，再也没有值得留恋的地方。

尽管他谈过多次恋爱，结局却都是如此。事实上，那些恋情和他没关系。他始终在与自己谈恋爱。

许多人没有我的朋友极端，但也会有不同程度的相似之处：模式僵硬而单一，没给关系自由选择的机会。

这是非常典型的处理亲密关系的方式：分裂。

它是很原始的防御，表达只有两端：理想化和贬低。

在一起的时候必须融合，理想化破灭就开始贬低、割裂，把经历也一起消灭。

他们不相信关系还可以有其他存在形式，越是亲密越是如此，根本不考虑“分手了还能做朋友”这个主题。

分裂：要么是“我们”，要么是“我和陌生人”

依据温尼科特的研究，分裂是“自然养育经历”被破坏后的自我保护，它大概经历了这样的过程：

最初，婴儿认为乳房完全是自己创造出来的产物，并不能理解这是另一个人（妈妈）提供的。

后来，随着妈妈（乳房）不那么及时赶到，每次的温度、质地、姿态都有所不同，婴儿体验到：原来还有一个妈妈的存在。

一旦婴儿意识到“自己是自己”“妈妈是妈妈”“环境是环境”的时候，人生最重要的自我意识就诞生了。

自我意识遇到的最大痛苦是：客体没法完全满足我。

这对今天的你我而言不足挂齿，但对婴儿来说简直是巨大发现，随即而来的是某种毁灭性恐惧：“她消失了我就会死掉。”

而这种恐惧是否会真的发生，取决于妈妈，而不是婴儿。

不久，两种对立又交织的情感体验开始浮现：爱与恨。

妈妈及时满足婴儿生理的、心理的所有需要，婴儿会体验到爱；相反，妈妈不及时或不恰当喂养，会让婴儿体验到恨。

更可怕的是，爱与恨居然出现在同一个人身上。

婴儿必须面对人生最大的难题：如何与爱恨持续共存。

这也取决于妈妈。如果给婴儿机会反复体验爱恨的交替出现，慢慢整合它们并延续关系，就会顺利进入下一个发展阶段。

有的婴儿没那么幸运，持续动荡的存在、抑郁的喂养、毫无缘由的焦虑、过度的照料、无情的抛弃等因素，让婴儿的恐惧变成了现实。

此时，婴儿会幻想两个妈妈（“好妈妈”和“坏妈妈”）的存在，而不是妈妈好与坏的两个部分。

婴儿高度接受了“好妈妈”，只能将所有坏感受完全扔给“坏妈妈”。

这就是分裂的形成。

成人后也习惯了使用这种模式。好的时候特别融合、理想化，浓情蜜意；不好的时候立刻分手、贬低，不复相见；要么是“我们”，要么是“我和陌生人”，很难想到还有其他存在形式。

这是因为激发了早年对“坏妈妈”的恐惧，只有把她赶跑才不会被恐惧感淹没。

整合：我们不再是我们，我们依然是我们

成熟人格恰恰相反，他们允许感情可以变化，并接纳这种变化通过外在形式表达。

他们早年整合了“好与坏”“爱与恨”，好体验和糟糕体验可以在一个人身上同时拥有且不恐惧。

他们从内心真的接受了另一个人的善与恶、优点与缺点，能更加客观对待他人和自己。

我有个来访者，她开始的时候就像我这个朋友那样分裂，后来在我的引导下，慢慢试着和准备分手的男友保持一些连接的可能。

他们没有断裂，虽联系少了，也还会在某些场合有交集，比如同在几个心理学的群、在同一个老师那里上课、和其他同学有交流讨论等。

坚持半年多，有一天她告诉我：“老师，原来我以为的爱太片

面了。”

当然，来访者之所以能转化关系存在的方式，是因为她愿意给自己一个机会。

当我们可以接纳关系发生变化的时候，对自己的认识也会更饱满。

我最近看了一部经典影片《你在天堂里遇见的五个人》（*The Five People You Meet in Heaven*）。

主人公爱迪死后遇到的第五个人，正是战争中被自己烧死的无辜女孩，生前他对此事始终不能解脱，巨大的愧疚感犹如梦魇般折磨了他一辈子。

如今他遇见了这个女孩，女孩脸上身上都是烧伤痕迹，对爱迪说“你烧了我”“你烧了我”。爱迪跪在女孩面前泪流满面，无尽的罪恶叩问着灵魂深处。

过了一会儿，女孩拉他走进一条清澈的河流，捧起河水对他说“你洗我”“你洗我”。

当爱迪慢慢擦洗女孩的身体时，疤痕消失了，女孩露出了微笑。那一刻，女孩原谅了他，爱迪也宽恕了自己。

事实上，战争结束后，爱迪在儿童娱乐场干了一辈子维修，他十分讨厌这份工作，却因腿伤不得不干，最后为挽救另一个女孩的生命被压死了。

这个故事充分说明，关系是有多种存在形式的，甚至相左的形式都可以并存。

这本身超越了自私的亲密，站到了更广阔的角度对待关系，这是更高级别的爱。

一般人都以为爱一个人的浓度要高于喜欢一个人的浓度。

但温尼科特不这么认为。他觉得**爱一个人往往存在占有、索取、融合、控制的欲望。**这是二元关系还没有分化好的结果。**喜欢则是站在人性角度互动，允许彼此在独立中依赖、在依赖中独立，更愿意让对方在关系中独处。**

这才是进入了更广阔的三元关系。

允许从朋友到爱人，也允许从爱人再到朋友，并能保持一份感恩，这是需要很高人格成熟度的，至少要满足三个条件。

第一，清晰的边界感。

这是基础，搞明白一段关系中自己的位置、对方的位置，并且双方都是舒适的。

既要能够守住自己的底线，还要能用一种开放式的姿态敞开边界，邀请对方进入，体验相依相偎。

第二，较高的心智化水平。

既能让别人心智化，又能够让自己心智化。

这需要有人性悲悯的觉察，好理论在制高点都是相通的，人的本性在最深层也是相似的。

第三，整合基本冲突——独立与依赖。

既能在独立中依赖，也能在依赖中独立，而不是分裂的，要么独立，要么依赖。

青春期的孩子表现明显，他们对父母的依赖和要独立的倾向并没整合好，所以就形成了巨大冲突，依赖不行，独立也不行，二者很难兼容，因而形成各类问题。

说到底，**成长过程就是不断整合独立与依赖的过程**，让它们

和平共处：我依赖你会让我自己感觉很好，你依赖我会让我觉得自己很值，同时我独立时也能把握住那份孤独，自我满足，而不是陷入孤独出不来。

以上三点的雏形，也是在早年母婴关系中慢慢培养出来的。人在不同阶段要完成不同情绪成熟度，之后才可以走向下一个阶段。

如果早年没有完成相应的成熟情绪也没关系，一般就是这样两种情况。

第一，早年没那么糟。

虽然关系质量不高，但还能继续，即使有痛苦和冲突，也还不至于让自己破碎。

这种情况下，当事人不主动则不需要干预，他们会用人类自然疗愈的天性慢慢适应，除非有重大事件，否则没有太大问题。

第二，早年养育特别糟糕。

有些可能达到人格障碍或精神病性的水平，这是需要干预的，单依靠其本人天性，已然无效。

至于如何干预，方法众多，无论如何都要协助其完成当初未完成的“整合过程”，重新去感受爱与恨。

这往往需要漫长时光，也需要一位能与当年母亲在其心中地位相当的治疗师，提供母亲无法提供的种种体验。

最后需要说明的是，不管我们是在关系中痛苦至极，还是勉强维持关系，都应探索关系的本质，换一种相处方式，而不是故步自封、自我囚禁。

我们虽不再是我们，愿我们依然是我们。

好的婚姻，都有共同体验地带

我工作室曾养过六条小鱼，其中两条十分活泼，隔段时间就会满鱼缸地你追我赶，自由又敏捷，看得出它们很享受这个过程。

持续几分钟后，它们便恢复“常态”，该干吗干吗，像其他的鱼儿一样。

突然有一天其中一条死了，在水上可怜地漂着。它的同伴一会儿便过去碰碰它，之后再次游开，重复数次。

后来，我把那条死去的小鱼捞了出来。

仅过了两天，另一条也死去了，漂浮在水面上。其他的鱼儿照样慢吞吞游着，完全不知道在它们的世界发生了什么，我不免一阵伤心。

这让我想起楼下公园的一对老夫妻。我经常见他们一起手牵手去早市买菜。买完菜回来，把菜兜挂在公园的树枝上，老头去打牌，老太太则围着公园慢走。

我就在牌桌附近和一朋友打乒乓球。

每隔一段时间，老头就会抬头看看，我顺着他的目光，总会迎上他老伴儿的眼光，她已走完一圈，边走边朝这边望着。

这个时间很短，也就一两秒钟，之后老头继续打牌，老太太继续散步，我也继续打球。

但我深信，那一眼穿越了时光，似乎在回顾他们一起走过的路。

于是，我思索一个问题：究竟什么才是伴侣之间最重要的呢？是什么让他们不离不弃？

好的婚姻，都有共同体验地带

或许我们见过太多的别离与背叛，以至于认为一起白首成了奢望。不可否认的是，依然会有很多人在诠释着爱情。他们用点滴光阴诉说着什么是相伴终老。就像那对老夫妻，甚至就像我那两条小小的鱼儿。

思索过后，我得出个结论：**所有持续的、还过得去的婚姻，伴侣之间一定有某个“共同体验地带”。**

共同体验地带有两个特点。

（1）主动参与性

任何事情都可以，只要伴侣双方能主动、自然地参与即可，而不是被胁迫，或像完成不得不完成的任务。

喜欢郭涛和梅婷在《父母爱情》中饰演的那对夫妻，他们在养育五个孩子的过程中累积了人生的意义感，从怀孕到抚养，再到孩子有了自己的家，其中滋味怎么是几十集就可以诉说的。

过程中虽有太多的争吵与矛盾，但终究共同体验让他们一起携手到老。

而在养育中一方严重缺失或没有孩子的婚姻，解体可能性则会比较大。

当然，除了养育孩子，还有彼此的工作、爱好、对家人的态度等方面的重大经历。

那么，你对伴侣的这些事感兴趣吗？是主动一起面对的吗，哪怕时断时续？

（2）可以做自己

这一点很关键，因为需求差异性，我们的反馈几乎都有顺从、讨好、迎合，甚至控制的成分，我们很难在不感兴趣的前提下理解对方需求。

而在这个共同体验地带中则不同。这是某种契合，不需要刻意便可以完成“艰难的反馈”，并被对方体验为“想要的”“舒适的”。

就像我爸妈某个小小的转变——

他俩都喜欢看电视，我爸爱看新闻频道，我妈则喜欢综艺频道，每次都会为看哪个频道而争执，但都不愿委曲求全迎合对方。

有次，我见他俩居然有说有笑看节目，还不时热烈地讨论，我定睛一看，原来是女排比赛。

从此，观看排球比赛就成了我爸妈的共同体验地带。他们不需要迎合就已经“迎合”了彼此，在此基础上所有反馈的内容都不重要，哪怕是争执，因为就算争吵也变成了共同体验的一部分。

每看完一场球赛，他俩便多了许多共同话语，也因此增强了对彼此的包容度。

温尼科特说过：“一个能给他反馈的环境，构成了这个人自我认同的核心。”

这话不仅仅适用于母婴之间，同样适用于婚姻爱情中的两个人。

自我认同，构成了一个人的基本存在感和价值体系，就像我爸妈在看球的过程中，会无意识给予对方这样的认同和价值。

在这一刻，从你眼中我看见了自己，并且这个自己是自在的，而你，是允许的。

彼此都有这般感受，是为共同体验。

时间久了，你会因为和这个人在一起而更喜欢自己，至少不讨厌自己；反之，你和一个人在一起觉得自己是糟糕的，那么是时候反思这段关系了。

就像公园的那对老夫妻，就像我失去的那两条小鱼，真正起作用的不是“牵手买菜”，不是“彼此追赶”，而是在买菜和追赶中我是被“照见”的，有你，我感受到了自己的快乐。

当然，没有哪两个人可以持续待在共同体验之中，那样反而是过于融合。伴侣不需像那两条鱼之间有着决绝的爱恋，伴侣之间需要“相濡以沫”，但时不时体验一下“相忘江湖”也同样有意义。

所以，我爸妈一天大多数时候都会各做各的事，那对老夫妻也是：老头打牌，老太太遛弯。

可见，他们又是独立的个体，互不干扰。

伴侣为何需要共同体验地带

那么，伴侣为何需要共同体验地带呢？

（1）源自对归属感需要的本能

正如利里（M.R.Leary）和鲍迈斯特尔（R.F.Baumeister）所言，“归属需要是人类长期演化的产物，逐渐成为所有人共同的自然倾向”。

这可以简单理解为“人们对同类的寻觅”，物以类聚人以群分，我们总会在寻觅相似之人，最好就是灵魂伴侣，至少在你面前我有某种归属感，这样共同生活便多了意义。

就算是离群寡居之人，就算是享受孤独之人，时间久了也会探出头来感受自己是否被同类遗弃。

对于归属，我们和鱼儿是一样的，这是生物本能，而最让人们渴望的，也是最便利的，就是身边的亲密关系能给我们带来这种感觉。

（2）源自冲突

冲突，比如规则与自由，依赖与独立。

必须先有规则，才可以打破规则获得自由。必须先有足够好的依赖，才可以更好地分离与独立。

自由和独立只有相对，没有绝对，而规则和依赖是绝对存在的，不管是规则还是依赖都是要由某个客体实现的。

倘若客体是一个人，最早可能是妈妈，后来是爸爸、老师、伴侣、领导、同事等。

倘若客体是一个场所，最早可能是妈妈的怀抱，后来是家庭、学校、单位、社会等。

因此，对规则和依赖的需要，注定会和外界的人与环境产生连接，有连接，就一定产生共同体验，哪怕后来消失了或者转换了。

丢失了共同体验地带，怎么办

有人就会问，我就对他不“感冒”，他也懒得和我有什么交集，也不关注我，或者把他的体验强加于我。我们没有任何共同体验地带，因为我们根本就不想有，该怎么办？

有类似感受或尝试无果，说明你们已失去连接的意愿。但这并不代表你们失去了对爱的渴望。

可能你在其他人身上、在其他事情上投注了很多，与他们有了更多共同体验。

尽管如此，也要探究原因，婚姻中一定有过共同体验地带，只是不知何时又为何把它们丢了。

笼统来说，有以下三个原因。

第一，一方需求的浓度、广度变了，另一方没跟上。

情感体验是随需求的变化而变化的，当初有辆自行车带着爱人兜风其乐无穷，如今开豪车住大宅却闷闷不乐，一定是需求变了。

更重要的是，另一方无视这种变化，甚至诋毁这种变化。通常情况下，当一个人认为对方不好的时候，他就很难有动力与对方一起建构共同体验地带。

第二，适应障碍。

激情浪漫被岁月消磨殆尽，美好也被柴米油盐覆盖，有的只是搭伙过日子，甚至连性生活也索然无味。

随便说一句，性是效果很好的共同体验，若对彼此身体失去兴趣，体验不到任何乐趣，只是某种机械的任务，就是在提醒你是时候反思了。

任何关系都有适应障碍，那是一种平淡、寡味，甚至无聊、空虚的感觉。此时需要重新赋予意义感，否则就无法构建共同体验。

第三，破坏作用。

比如，一方的背叛与侵害，另一方的无法原谅，历经各种努力沟通后徒劳无功。

若双方都还有改变动机，就需要寻求帮助，否则，只能愈演愈烈，直到关系破碎，回避没有任何作用。

我们从另一个角度来看，以上三个因素带来的未尝不是好事，因为任何“在一起的体验”之所以长期有效，是因为体验到了“不在一起”。

比如，一直一起生活的两个人并没有太多感悟，甚至有些嫌弃和不耐烦。当一方离开后，诸多情感便会涌上另一方的心头，才知道无意中两人其实一直在共同体验之中。

必要的丧失就是成长，尽管会有愧疚感，但谁不是在失去中长大的。

故此，丧失让我们学会了改变与珍惜。

我们既然意识到已失去共同体验，必然会重新审视彼此、审视自我，在当下阶段重新定位意义感，好让余生不再为谁而活，找到不一样的改变之路。

之后，我们就会再次具备建构共同体验地带的动力。

PART 2

通过孩子，看见自己

开篇　父母理解自己，就是对孩子最大的理解

亲子关系中你告诉孩子什么不重要，重要的是，你是个怎样的人。你是如何对待自己的，如何面对困境的，这些都会被孩子觉察，并内化为自己的原初信念。

我种了一个小宝贝，

却收获了一枚炸弹。

——温尼科特

太多父母的困惑是：“我知道应该站在孩子的角度去理解他，可一到事儿上就是做不到，我依然会愤怒、失望、失控，该怎么办呢？”恭喜你意识到了这点。

你就是无法完全理解孩子，就是在孩子叛逆时情绪失控，甚至打骂孩子，继而内疚自责，然后反思道歉，下次继续循环。

这是事实。

记住，**你遇见的所有问题不是被解决好的，甚至都不是被理解好的，而是被陪伴好的。**

把你的问题拆开看，有三层含义：

◎ 你一点儿办法都没有。

◎ 你并不甘心。

◎ 渴望专家给你真正有效的方法。

这三点都说明你是个“足够好的妈妈”。

你的无奈、焦虑，就是一个妈妈本来的样子，成千上万的妈妈正在经历同样的困惑，你不孤单，而且，还很健康。

孩子（特别是青少年）内心挣扎的原因，你我都心知肚明。诸如：

◎ 渴望独立又希望依赖。

◎ 渴望表达又极其敏感。

◎ 渴望友情又各种嫉妒。

◎ 渴望爱与性，又压抑爱与性。

◎ 讨厌学习，又不得不提高成绩。

◎ 生理的高速成熟，心理的不成熟。

……

这些冲突是为了让你理解：

◎ 他们发脾气，和具体事件关系不大。

◎ 他们情绪飘忽不定，阴晴难测，不需要什么原因。

◎ 孩子成长本身就是相互矛盾、相互对立的。

每个“别人家的孩子”，他们父母眼中也都有“别人家的孩子”。孩子们或许没有可比性。

为什么把你的问题拆为三层？我们来分别看一下。

（1）你一点儿办法都没有——说明孩子的胜利

别指望你早年对孩子很好，孩子就不会出问题，叛逆是必经之路，是孩子到成人的唯一通道。

这个通道中，孩子所有的“折腾”都是在试图“打败你”，让你难堪、难过、生气，让你手足无措，让你的情绪失去控制。

他们自己可能都没觉察到，大多数还伴随莫名的难过、自责、愧疚：“我怎么可以这样对爸妈说话呢?！”但他们依然如此。

当你真被打败了，尽管他们意识中是愧疚的，但潜意识中是开心的，甚至超越开心，应该是胜利的感觉！

温尼科特说过：“如果一个孩子要成为一个成年人，那么是要踩着一个成年人的尸体才能完成这段成长之路的。”

这话你别怕，它是个隐喻，我认为包含两层含义：

◎ 父母只有让孩子打败自己，孩子才可以踏上自由之路。

◎ 但父母要幸存下来，要鲜活地活下来。

这就牵扯你问题的第二层。

（2）你并不甘心——但要坚守阵地

孩子会控制不住地叛逆，发出各种挑战甚至没底线的瞎“作”，就要求作为父母的你，别轻易屈服。

这里，我必须提出两点失败的态度。

第一，逃避。

很多家庭中的父母逃离了。他们逃进了工作、学习、沉默、冷眼旁观、婚外恋情中。

当然，更多的是隐性逃避。比如：

◎ 孩子情绪失控不管不问，怕自己承受不了。

◎ 除和孩子谈学习就谈不了别的了。

◎ 假性支持：任孩子自己发展，放任自由。

◎ 自己比孩子更惨，更需要孩子的照料。

这些感觉就像孩子发出了挑战，而你弃城而逃，他不战而胜一样。

对一个渴望攻城略地、杀敌拔寨的“少年将军”而言，这太失落了，简直是对其的极大羞辱。

孩子的攻击性就是所谓的叛逆。**他需要朝向安全的人辩论、争斗，最后以胜利表达释放，所有幻想和理想化成功外化，他才能在以后的道路中坚强独立。**

否则，他只能戴着看似胜利的假面具，内心并没有真正成功的经验。

第二，镇压。

与逃避相反，你会不遗余力地打压孩子，最终令他乖乖就范、束手就擒。

毕竟孩子只是叛逆的少年，而你身经百战经验丰富，加上学校、社会、亲朋好友的集体协助，“灭掉”孩子易如反掌。

父母的镇压形式多种多样，最终表现只有一点：孩子不得不按照父母的想法行事，伏案学习不惹事，为考取好成绩舍弃任何“不好”的行为、念头，像个机器人般生活。

有些不屈的少年，发起了更猛烈的攻势：辍学、沉迷网络、离家出走、生病、自残，以上都不管用，就会自杀。

哪里有镇压，哪里就有反抗，只不过有的摇旗呐喊，有的暗中运作。你会悲凉地看到，他们为了反抗，不惜牺牲自己的一部分，甚至全部。

最终，你胜利了，但你彻底失败了。

因为你忘了早年鼓励孩子走路、爬行、学说话，就是为了让孩子自由独立、有个性、能战斗。

你辛苦培养起来的战士，只不过经历了青春期短短几年，就倒在了你的镇压下。

直面孩子的各种挑战，如果你做不到不逃避，最好也要不镇压。

比不镇压更艰难的是不诱惑。诱惑是指：交易与报复。

比如交易：

◎ 按我说的做，周末你就可以多玩会儿游戏。

◎ 只要提高五个名次，我就给你买手机。

比如恐吓：

◎ 你没按我说的来，我就没收手机、卸掉游戏软件。

还有更隐形的，比如：

◎ 你若不好，我就伤心死算了。

◎ 你若考不上重点高中，我就会失望透顶。

◎ 你若不懂事，我这些年的付出就白费了。

这些以爱为名的交易，都是愚蠢的。其心理机制很简单：你在利用孩子满足自己的需要，或你在利用孩子回避自己的恐惧。

这些恐惧包括你早年未完成的使命，包括你的无力感、攀比心，包括你觉得自己不够好的任何投射。

你甚至潜意识中，在报复你的父母。这是更深层的心理机制，为人父母，很容易在孩子身上发现自己早年的影子。

你需要了解这一点，才不会混淆你和孩子的边界。

举个简单的例子。爷爷奶奶总担心孙子吃不饱，喂出了一个个小胖子，他们哪里是在喂孙子啊，是在喂养早年挨饿的自己。

再如，有些父母总鼓励孩子要大胆、自信，要反抗，其实那是在补偿早年自己的懦弱和胆怯。

如果你把失败的人生归为没考上大学，很自然你会严格要求孩子考大学，不惜砸锅卖铁；如果你通过考大学走上了康庄大道，就更会要求孩子努力学习；如果你是被控制、被逼迫考的大学，你很可能不看重孩子学业，而更关注其自由，且常常矫枉过正，让孩子变得任性。

若没足够的觉察，你会通过孩子满足自己而不自知。要感谢孩子，是他们让你有机会重新认识自己。

故此，可以顺着孩子的问题来看看你自己。

第一，在孩子小的时候，你觉得自己没能好好爱他。

因为那时的你正在苦苦挣扎，出于各种原因没能给孩子合格的照护，你无须过度懊悔。

当然，内疚在所难免，所以你也很可能会给青春期的孩子过度的补偿。

内疚的意义在于让你不懊恼致死，补偿的意义是不过度责备自己。你要学会先宽恕自己。

宽恕自己以后，你就会跳出关系看到："孩子的问题"只不过是让你们的家庭关系，甚至家族关系重新洗牌、重新归位，是要你将早年缺失的爱续上。

一般这个时候，孩子会严重退行，比如辍学，变得极度恐惧、敏感，因此你对待他的态度不能像对待 14 岁的，而要像对待 4 岁的。只有像对待 4 岁的孩子那样，让他得到充分的爱与尊重，他才会变回 14 岁，其实你本人也一样。

这需要时间，不能快，也慢不了。

你的耐心大小决定是否能平稳度过，而这就是唯一之路。其结果，就是家庭成员的全部归位。

第二，自我接纳。

人到中年，你不但要面对孩子的攻击，还要面对伴侣的不理解，工作的变动，父母的疾病、衰老、死亡，还有自己的容颜已老，你的内心一定有很多冲突。

这些冲突没有支持系统，没人理解，就算明白了以上所有内容你也做不到。你又不是机器人，输入程序就运作，你需要的是情感注入，是被滋养。

最后，回到你问题的第三层。

（3）渴望专家给你真正有效的方法——理解你自己

你希望我们能给你具体建议，但我只能告诉你：**提升自我能量，好好爱自己，直面孩子的所有挑战，不逃避、不镇压、不交易，你就这样存在着，好好活下来。**而这，就是对青春期孩子最大的理解。

如果你这样做了，几年后你会发现此刻所有担忧都会过去，孩子独立了，也更自由了。

孩子也会理解你所有的焦虑，更有力量应对自己的孩子。因为你这个“幸存”下来的妈妈，给他提供了很好的经验。

所谓孩子，不过是暂住在家里的房客

你家孩子也是独一无二的

有段时间，热搜有个名字居高不下，就是被称为“国民才女”的武亦姝。

几年前《中国诗词大会》的那场飞花令我看过，印象深刻。

“七月在野，八月在宇，九月在户，十月蟋蟀入我床下。”

当武亦姝从容吟出的时候，评委无不叫绝，最终她横扫百人团，一举夺冠。

后来，武亦姝又以 613 分的高考成绩被清华大学新雅书院录取，再次将她推向了流量顶端。

不可否认，武亦姝的成功令太多人羡慕。

家庭教育和原生家庭也再次进入公众视野。

但我想说，武亦姝只有一个，你家孩子也一样，独一无二，不需要刻意模仿，也无须探究其家庭背景，需要的是依据自身家庭情况的量体裁衣。

温尼科特说：“一对父母并不是像艺术家创造一幅油画或者陶艺家制出一件陶器那样制造了一个婴儿，父母们只是启动了一个发展过程，让这个婴儿出现了，让这个人出现了。”

启动的结果就是：“首先是在母亲的身体里面住上了一个房客，之后这个客人会住在家庭里面一段时间。”

在我看来，把孩子当作“房客”才是健康的界限，即便听起来有点儿怅然若失的小伤感。

事实的确如此，这个“房客”不是一般的客人，他是超级贵宾，注定要生活在你们家，不是其他任何家庭，注定和你们有着最深的渊源。

不论结局如何，都应珍惜这段在一起的旅程。

尊重孩子的生命旅程

我们要知道，孩子作为“房客”，是有着他自己的生命旅程的。

每个人活着的意义之一，就是要完成属于他自己的使命，有自己的路要走，有自己的事要做，最大的不尊重就是人为干扰这种使命感。

就像你去住宾馆，工作人员不会随便问你要去干吗、接下来的打算是什么、计划如何出行，因为他们懂得那是干扰，而不是真的关心。

那么，父母如何做才是真的关心孩子，也就是住在家里的“房客”呢？

（1）做好分内之事

换句话说，**父母此生只为孩子做一件事就足够了——人格的成熟和健康。**

记者在探访武亦姝家庭时，也发现了这样的事实：爸爸每天下午四点半就把手机关掉，专心陪伴女儿，或者读书、做自己的事情。

对孩子而言，身教永远大于言传。

给孩子讲一百个道理，如果你本身人格是不成熟的，会做一些和对孩子要求相违背的事情，那么，所谓的榜样就是反向的。

孩子遇到任何问题、任何焦虑，往往不需要你替他做什么、你给他什么建议、你给他讲什么道理，也不是你比他还要慌，而是需要你稳定地存在、情绪成熟地承载，你的态度和处理问题的方式。

孩子成绩不好你先沮丧了，孩子哭闹你先崩溃了，然后各种安慰和指责，其实这只是在缓解你自己的焦虑而已。

（2）营造抱持的环境

对于宾馆而言，抱持的环境就是干净卫生、饭菜可口、灯光柔和、床铺舒适、窗明几净、热水充足、交通便利等。

抱持的环境有一个重要特点：让人舒适地做自己。

试想你住在一家宾馆，动不动被隔壁吵架惊醒，需要洗澡时没热水，想要休息却常被服务员打扰……在这样的环境下是无法心安的，你的情绪随时会被扰动。

同理，在很多家庭中，这样的恶劣环境十分普遍。比如父母感情不和、工作不顺、人际交往一团糟、没能力保障基本需要、不能处理情绪等。

更让人不解的是，在这样的环境中，你还要孩子光宗耀祖、考取一流大学……

开始孩子会抗议、投诉，没有改变会愤怒和委屈。时间久了，如果还是不能改变，孩子便开始悲伤、绝望，随时准备应对恶劣的环境，并且发展出一种特殊功能应对外部环境。

如此一来，孩子的核心自我消失了，虚假功能性的自我出现了。当然，也就谈不上做自己，更没办法继续下一段旅程。

（3）明白父母只是服务者

好的宾馆一定优先满足客人的需要，而不是把自己的需要放在第一位。高级别做法是为客人量身定制需要，不是看到某个客人的需要，就认为所有的客人也一样需要。

你不是要培养出“王亦姝”“刘亦姝”“张亦姝”，而是要理解你的孩子，知道他为什么快乐又为何伤心。若不试图去理解自己的孩子，只是看到了别人家孩子光鲜亮丽又有钱，则毫无意义。

孩子有需要时满足他，在不了解孩子需要时别打扰他。

高品质的养育，是不留痕迹的

那么，怎样才说明父母为孩子提供的环境、给的服务是恰当的呢？

答案只有一个：孩子离开时，只对舒适的体验铭记于心，对父母的各种“好”几乎都忘了。

真正高品质的养育过程，极少留下痕迹。

一般来说，人格健康、情绪成熟的人，很少回忆早年父母和自己互动的细节，父母多么好，有过创伤的人回忆才深刻。

比如，下面这三种“好”，一定会被深深记得。

第一种，愧疚感导致的“好”。

父母散发出来的味道是“所有的好都是为了你”，甚至牺牲自己来适应孩子。为了孩子，舍不得吃好穿好，降低了生活标准和兴趣爱好，维系着糟糕的婚姻……

这样模式下长大的孩子，一定记得父母的很多“好”，原因不是真的感觉好，而是要报答某种恩情。

不优秀、不努力、不进一流大学就是不孝顺，就没法报答父母的辛苦和付出，他们被愧疚感牵引，被迫加倍回报父母来缓解愧疚。

第二种，糟糕底色对比出来的“好”。

在我的咨询经验中，能对一个拥抱、一次鼓励记忆犹新的人，其底色往往是灰色的。比如：

◎ 处在被挑剔苛刻的环境中，一次安慰就印象深刻。

◎ 处在暴力虐待的环境中，一个笑容就终生难忘。

◎ 处在冷漠隔离的环境中，一个拥抱就感恩戴德。

我有位来访者，她只要犯错就会被妈妈责罚，爸爸在一旁不敢作声。

有件事她记得特清楚。有一天，不小心打碎了装满菜的盘子，妈妈罚她不许吃饭，只能看着他们吃。正饿得难受，爸爸趁妈妈没注意，塞到她嘴里半个包子。

那一幕，至今已经30多年，但包子是什么馅儿的，以及那种味道，记忆犹新，似乎就在此刻。

这种好的记忆来自缺失，记住的并不是好的体验，而是被凸显出来，映衬那些糟糕的体验。

第三种，补偿导致的“好”。

早年妈妈稳定存在，照料和接纳孩子，但不知为何消失了一段时间，再次回来时，妈妈之前的好就会被孩子牢牢记住。

这是一种补偿，补偿的是对失去的恐惧。

“就算你再次抛弃我，我也不怕，因为我已记得你所有的味道”，这很像一个人一直在身边你没有感觉，但有一天他离开了，你突然觉得整个生活都变了，各种不习惯、不适应，才发现原来这个人对你是如此重要，之前的各种美好蜂拥而至，你居然没有好好珍惜。

这种记忆源自丧失，比如亲人离世或父母离异，之前好的感受会浮出水面，当事人牢牢记得。

以上三种都属于创伤体验的记忆。正常的、恰当的照料，孩子很少记得那么多。**那些“好”被孩子内化成为自己的一部分，从而更有力量应对自己的人生。**

这才是高品质的养育，剔除了父母潜意识想要回报的欲望。

还是用宾馆客人来举例，客人享有了温暖，并不会觉得宾馆老板多么辛苦、担心下次回来找不到这家宾馆，甚至客人都不会觉得是宾馆带给了自己好的体验，而是内心有个坚定的声音：下次出差还要来这家宾馆！

既然孩子是我们的客人，就总会有分离发生，这样的分离往往体现在青春期。

此时，我们不能用自己的意志左右孩子的独立。

最常见的是过度照顾孩子，原因是早年照顾得不够好，以此缓解我们的内疚感。但这样对孩子没有任何意义，因为孩子在此阶段需要的是分离，而并非被抱在怀里。

我们需要做的就是继续改善环境和伙食，增强自身服务水平和修养，做我们自己的事情。下次孩子遇到挫折和困难，需要休息和调养时，自然会回到我们的怀抱。

尊重孩子自己的旅程，让他们成为他们自己，而不是我们心中的他们。

归根结底，只有真正认可孩子是家里的一个房客时，你才会发自内心平静下来，才不会成为亿万焦虑父母中的一员。

功能性养育会带来同胞恶性竞争

什么是功能性养育

2019 开年大剧《都挺好》引发了社会的广泛关注。

热议的重点主要有三个：原生家庭、重男轻女、赡养老人。还有一点不能被忽视：父母“功能性养育”所造成的“同胞竞争”。

剧中三兄妹分别被不同对待。他们渐渐形成了隐性竞争以及自身的性格。

老大苏明哲被寄予厚望，肩负光宗耀祖的家族使命，对父母而言，这就是他的功能。

老大的出生会激发父母诸多体验：第一次做父母，除认真呵护、努力对待之外，往往也把老大当作自己愿望、期待和梦想的第一个承载者。

为完成父母的这些使命，老大不得不让自己变得更优秀，因为越是上进优秀，父母的心愿就越能实现。

弟弟妹妹出生前，老大得到了父母全部的爱，承载了父母全部的希望，父母是他接触的唯一榜样，因此他会变成“小大人”，成为父母的代言人。

弟弟妹妹的出生，让唯一的爱被分割，只有尽最大努力满足父母的需要才可以继续获得最多的爱。

于是，苏明哲更加发愤图强，考上清华依然不够，决意出国考取世界名校，以此让父母满意最大化。

最终明哲考上了斯坦福大学，并移民海外。这就是他内心认为的孝，也成为典型的“别人家的孩子”，众人瞩目，父母荣耀。

对父母而言，老二苏明成的功能则是“存在的满足”。

生活中，父母潜意识地总渴望付出“被看见”，也希望自己“被需要”，只有这样才觉得付出和努力没白费。

这种无意识传递，总会被某个孩子敏锐地觉察到。在剧中，这种无意识传递被苏明成捕捉到了。

他很会察言观色，也发现了母亲在家庭中的主导地位，非常依赖、讨好母亲，也会传递各种“妈妈您辛苦了”“有您在身边真好”“您做的饭最好吃”“长大了一定好好孝顺您”之类的信息。

这让父母感受到了两点：“我的付出是被认可并赞美的”“我是被需要的”。

这极大满足了苏母的自恋，苏明成也因此获得了更多宠爱。也就是说，本质上是满足了苏母基本的存在感，虽然很低级，但很有效。

老三苏明玉来到这个家庭的时候，很难找到合适的“竞争手段”。

父母把价值感投注在了老大身上，把存在感投注在了老二身上，老三苏明玉似乎成了鸡肋。苏母不是简单的重男轻女，她对苏明玉可以用“恨”来形容，因为苏明玉来得不是时候，让她失去了改变命运的机会。苏明玉从一开始就输在了起跑线上。

尽管她学习很努力，很懂事，但都已不再是功能性父母需要的对象，屡屡被忽略甚至嫌弃。

从投资风险而言，父母很难转移两只正在飘红的“股票”。

一家人坐在一起吃饭，苏母分别给老大、老二夹了鸡腿，根本无视老三苏明玉的感受，并以为是理所当然，连看都不看她一眼。

这两根鸡腿的名字分别叫“价值需要”和“存在需要”。

而父亲默默地看到了这一幕，夹了一根鸡腿准备给女儿，却被苏明玉果断拒绝。

这根鸡腿也有个名字，叫“被忽略的怜悯”。

这种怜悯表面是对女儿的同情，其实是父亲对自己的无奈。苏母才是说了算的人，在强势妻子的掌控下，作为丈夫的苏父就是被忽略的一方。

处于弱势的苏父以稳定为主，却无形地逃避了父亲的角色，成了袖手旁观的看客。这其实就是“帮凶”。

在苏明玉果断地拒绝接受那根怜悯的鸡腿的那一刻，“坚强”诞生了。

孩子失去满足父母需要的机会，自己的需要又不断受打压，就只能收回需求、压抑不满，变得独立，逃离这个自己被忽略的家。

正如当同学问她要考哪所学校，苏明玉毫不犹豫地回答：“清华，因为离家远。”从心理意义而言，这是某种防御。从现实来说，正因如此，摆脱了与父母的纠葛。

压抑了内心被爱的欲望，不再依靠他人来满足自己，有些悲凉的同时，也铺就了孩子走向社会化的道路。

苏明玉做到了，在她以后的人生中，变得更有主见也更有成就，也会获得更多的事业机会，而这正是摆脱父母束缚的结果。

所以，**父母的功能性需要会无形中影响孩子一生的走向，对多子女而言，也会加剧他们之间的争斗。**

亲子关系中所谓的“无条件的爱”是单向的。这种爱只能从父母流向孩子并不期待回报，任何对孩子有期待的“爱”都是某种功能性需要。

功能性需要把爱变成了双向流动，你表现得越需要我，我就越想法满足你，这种强化让孩子失去了部分自我。

越期待孩子的，越可能是你早年缺失的

父母功能性需要的来源，正是他们曾被不恰当对待的结果。

两年前，有位鹿女士找过我，让她困惑的是自己对大女儿苛刻，对小女儿却很宠爱，两个女儿相差三岁。不同的态度让两个孩子常有冲突，大女儿甚至会趁她不在时欺负妹妹。

我们聊了挺长一段时间，慢慢理解了令她矛盾的情结点。

鹿女士兄弟姐妹四个，一姐一妹，还有一个弟弟。姐弟四人年龄接近，她是妈妈最嫌弃的那个，做同样的事，妈妈对她总是

特别挑剔，至今有很多细节她都记得。

在鹿女士十岁时，父母要求他们轮流值日。姐姐和妹妹基本都能通过，还会得到表扬，但她从来没有一次被检查合格过。

有一次，就因为几根头发没清理，妈妈就罚她不许吃饭。她十分委屈，就大声反驳妈妈，居然被妈妈扇了耳光。

挨打后的鹿女士跑到家后面的小树林，哭了整整一个下午，她曾一度怀疑自己不是妈妈亲生的。

时光荏苒，鹿女士有了大女儿后，因工作忙让妈妈帮忙照看。她妈妈对她大女儿很包容，从来都堆满笑脸。

鹿女士自己对大女儿却百般挑剔，对此没少和妈妈吵架，她说："那时候，好像我成了当年我妈的样子，女儿就是我的翻版。"

这是很典型的"创伤代际传承"，传承的方式就是通过某种功能性需要传承。

鹿女士渴望被接纳和认可，却反向投给了大女儿。

从潜意识而言，鹿女士对大女儿是嫉妒的，因此通过挑剔，让大女儿体验到了自己曾经的感受。

这就有机会"反转"，有机会"补偿"，补偿的方式就是通过她妈妈来爱大女儿，好像自己重新被爱了一遍一样。

三年后，小女儿出生，鹿女士也渐渐获得了成长，就把对大女儿的愧疚加倍补偿在了小女儿身上，宠爱有加，历史惊人地重现了。

这种"偏心病"，无疑会成为两个孩子冲突的来源。

她们分别接受了妈妈的"恨的需要"与"爱的需要"。

像鹿女士家这样的情况很普遍。当父母意识到自己的不足并开始内疚时，则会补偿给下一个孩子，潜意识不同功能的渗入让孩子之间充满了敌意。

因此，父母明确自己功能性需要的来源至关重要。

了解得越多，对孩子的需求就越少，对他的捆绑就越松，孩子就越可能很好地和你分离，面对他自己的人生。

否则，就会变成双向流动，父母会拿孩子当“父母”。

正如《都挺好》里的苏父像婴儿般躺在长子腿上，并提出些啼笑皆非的要求，整个状态就是在撒娇。这很像一个七八岁的孩子依偎在妈妈怀中，想吃奶又觉得不好意思。

把孩子当“爸妈”养，是典型“爱的缺失”导致的需要。

这会让孩子变得过度照料、自我牺牲、愚忠愚孝，苏明哲就是典型的“中国式长子”。

许多父母早年被贬低、被否定、被挑剔，他们的需求就是被褒奖、被认可、被接纳。

这会无意识投射给孩子，让孩子举步维艰，这时父母才有机会去褒奖、认可、接纳，其实被如此对待的并不是孩子，而是当年的自己。

还有的父母对孩子，则过度溺爱、无底线接纳、没必要地自我牺牲，这会让孩子变得内疚和依赖。

记住：**只有父母人格独立，才能养育人格健康的孩子。**

一个鉴别父母功能性的指标是：**越期待孩子的部分，越觉得为他好的部分，越有可能是你的功能性需要，你早年的缺失。**

正确面对孩子们的竞争

正是父母把不同需求投注给不同孩子，才会激发他们的恶性竞争。

实际上，同胞竞争是天性、是本能、是不可避免的。

人最大的痛苦是失去爱的客体，其次是客体的爱被瓜分。多子女注定要争夺父母之爱，这并不是坏事。因为孩子最终是要走向社会，去和别人竞争，然后寻得自己的位置，找到属于自己的价值感。

同胞竞争是社会竞争的操练场。

父母功能性需要会让竞争恶化，正如剧中父母态度的巨大差异让成年后的苏明成辱骂妹妹是“妖精”“宁愿没有这个妹妹”，甚至会厮打在一起。

作为父母要认可同胞竞争，但决不能强化竞争。

苏父选择搭乘谁的车、在老大老二面前秀老三买的衣服、存折放在谁那里等，都是激发竞争的举动。就像老二嫉妒地说“他就是想坐好车，有面子”，从而加剧了对老三的恨意。

现实中这种现象十分普遍，“比较”就是让孩子恶性竞争的重要来源。

“你看妹妹多乖”“哥哥学习比你用功”“姐姐比你懂事多了”“你多让着点，弟弟还小”“他身体不好，多分他点”“若是你大哥在就好了”，诸如此类的话几乎天天讲，这不但会恶化竞争，也会强化孩子过度满足父母的需要。

懂事的会更乖、刻苦的会更自我苛责、年龄小的会更有恃无恐、身体不好的会更多病。

所以，面对孩子们的竞争，只需要不强化即可。

告别生命中未完成的缺失，才不会有缺失

那些未完成的事情，从来不会消失。比如某个梦想被粗暴打断、爱人不告而别、喜欢的东西总得不到、父母突然离婚等，它们总会留在你的潜意识里，成为未解决的情结，影响着你后来的人生。

与之相对的，是事件的完整性。

人的一生，都在追求完整的体验。**我们对完整的渴望，甚至胜过对幸福的追求。**

小到学走路、上学、交友、考试，大到工作、结婚、生子，只有完整走过每一个环节，我们才能真正地吸纳经验，告别过去，走向下一个阶段。

有时候，父母过度的爱会打断这些完整，给孩子留下需要一生去弥补的情结。

逃不开的未完成事件

温尼科特曾说过：只有当孩子确实曾经真正拥有过一些东西，现在才能放弃它们。我们确实没办法让人们放弃那些他们从来就不曾真正拥有过的东西。

这里的“真正拥有”，就是真正体验过某些经历的完整性。

温尼科特为了说明这个原理，还特别细化了一个生动的真实例子。

一个十个月大的宝宝被一把明晃晃的金属勺子吸引。他瞧了又瞧，小心翼翼地碰了碰勺子，反复几次回头去看妈妈，确认妈妈是否允许。

直到从妈妈表情中得到肯定的回复后，他迅速抓过勺子，小手握得很紧，有些兴奋和紧张。

因为他不清楚两件事：第一，这个玩意儿该如何“拥有”？第二，妈妈是否会阻止自己进一步行动？

反复确认后，宝宝几乎本能地用嘴咬住了勺子。当他把勺子含在嘴里时，其实是在宣布：这个玩意儿是我的了！此时的宝宝坚定而幸福。

接下来，宝宝会继续用勺子探索外部世界。

比如，用勺子敲打自己脑袋、假装吃饭、给妈妈喂饭，还会不停扔在地上让妈妈捡起来，掉地上那个好听的声音反复刺激着宝宝，对此他兴趣盎然、乐此不疲。

过了好久，宝宝的眼光转向一只玩具狗，于是就毫不犹豫地把勺子扔在一旁，再也不看它一眼，即便再把勺子给他，他也毫不理会。

宝宝的全部能量集中到了玩具狗身上，这就是他的下一个目标，下一把“勺子”。

这个例子，就是一个孩子自然拥有某种完整事件的体验过程。

他拥有某件物品，然后据为己有进行“内化”，变成自己活生生的经验，继而反复使用这个经验探索外部世界，最后放弃有着象征性的“勺子”，健康地和它分离。

若这个孩子就这样长大，便打下了良好的人格基础。他能自信地探索生活的未知和美好，也能安心地体验每份快乐和挫折，而不必心神不宁地不断追寻那些未曾完成的缺失。

未完成事件，留下的阴影和阻碍

在生活中，这样的“勺子”每时每刻都存在，有没有完整体验过“勺子”，很重要。

我曾遇过两个让人印象深刻的来访者。

第一个来访者是女性，多年来一直失眠睡不好。

通过聊她的梦，有件事渐渐浮出水面。在她读小学二、三年级时，父母总吵架。而且总是等她睡了以后吵架，他们的理由是怕打扰孩子。

但他们的每次争吵她都听得很清楚，家庭紧张的氛围她也无法忽视，所以常常睡得不踏实。

这样的争吵持续了三年。第四年爸妈离婚，没进行任何解释、安抚以及未来的安排。作为他们婚姻中的一分子，她没有机会完整地经历这段婚姻的结束。

一个重大事件的体验被打断，常常产生难以磨灭的情结和创伤。

从那时开始，她就经常被噩梦惊醒，之后再也不能入睡。

一方面，她得不到完整的解释，只能进行着各种各样的猜测，担心自己是罪魁祸首；另一方面，她没有充分的空间去发泄自己的愤怒和恐惧，去体验父母离婚的哀伤，并为此哀悼。

因此，尽管过去了那么多年，但她心中的这些负面情绪都被保留下来。

对她而言，这件事情无法真正过去。

第二个来访者，是一个 8 岁女孩。

她被父母送来时，父母说她经常多动和拖延，注意力不集中，生活一团糟。最明显的是，什么事情都做不完。

◎ 作业总写不完。

◎ 考试时即使时间很充分，也答不完所有题目。

◎ 吃饭吃不完，听故事听不完。

◎ 偶尔的课堂小任务总是完不成。

……

这点，我也明显感受到了。在很长一段时间，她都没法完整做完一个游戏。比如：

◎ 偶尔拿起玩具枪朝我射几下，接着扔在一旁。

◎ 给布娃娃穿衣服，还没穿完就不知扔哪儿了。

◎ 和我下各类棋牌，没有一局有始有终。

……

我和她父母进行深度交流，才发现，她从一岁至今，几乎没有机会独立、完整地做完一件事。比如：

◎ 拿起玩具被奶奶阻止，穿衣服被妈妈插手。

◎ 吃什么都是几双筷子同时干预：吃这个好吃、吃那个健康。

◎ 怎么写作业、听哪个故事，都被不同理由和声音指导着。

当生活中常常体验不到完整性，人就会变得焦躁、挫败、不安。这个女孩，她的内心早已被一切不完整的体验扰乱。她只能用停不下来的小动作来随便碰碰，没有深入体验的欲望。

这些未体验完的“勺子”，成了她人生体验其他事情的阴影和阻碍。

目送孩子走好一段段完整的路程

你也许会忧心忡忡：不打断，难道就要什么都不插手吗？不是的。

让孩子拥有“勺子”，只是允许孩子在安全的情况下，有相对完整的体验，尤其是在断奶、分床、上学、中考、高考、找工作、谈对象、处理冲突等大事上。

有位妈妈给我讲了最近发生在他们家的一件事。

儿子调了座位，前位是班里著名的“淘气包”，每次上课都严重干扰儿子学习，会朝他做鬼脸、用背晃桌子、发出各种怪声等。

每天回家儿子各种抱怨，他自己也试过找班主任、和“淘气包”争执、交涉等，效果都不好。

每次妈妈都认真听，然后理解孩子面临中考的压力，以及烦躁，但并没帮儿子出什么主意，也没听奶奶的话去学校找老师，就是这样倾听和理解。

一周后，儿子终于露出笑脸，再也不提这件事了，学习热情有增无减。妈妈并没问这事是怎么解决的，只是笑着说：“这就好了。”

这就是让孩子体验到了整个事件的完整性。从焦虑到平静，从埋怨到平和，就这么过去了。

这位智慧的妈妈做了两点：一是在场，二是确认和反馈。

传递出了两个信息：

◎ 我在陪着你，我看见了你的感受。

◎ 你的感受是合理的，你可以按照自己的意愿去处理，如果你需要我的帮助，我会支持你。

这种态度决定了孩子有力量去自然经历完整体验。

所有建议、道理、愤愤不平都属于“侵入”，就算解决也是“非自然”的，因为这些经验并不来自孩子本身。

有的父母会这样抱怨：那是人家孩子脾气好，要我们家那个，早翻天啦！

其实，他们的“翻天”就是从小整体感受被屡次中断的结果，“翻天”就代表反抗和重新夺权。

还有一点要注意：体验的完整性，并不是事件本身，而是感觉！

比如，孩子要很多汽车也要满足他吗？并不是。

而是让他感受到有头有尾有过程。既不是简单粗暴说“不行”就不理他了，也不是回避和转移，而是态度明确、温和坚持地表达自己的观点——爸爸妈妈不同意这件事情，直到他自己不再提要求为止。

在这个过程中，他会感到挫败，感到失落，但也会慢慢接受现实，学会接纳目前的不可得，学会放弃。

这对他而言，无疑是一种珍贵的成长。

人的本能是要去体验某种完整性，而不是未知的不确定感，那会有莫名恐惧。

就像我的来访者，若父母把离婚真相告诉她，就是维护了她自然的完整体验。

尽管知道真相之后，她会有悲伤和愤怒，并肆意发泄，但这都是一种必要的哀悼，都是完整的结束，不至于用余生去追寻和补偿。

弗洛伊德曾说过：情感如果无法在知觉领域里被充分体验，就会留在潜意识里徘徊，并且会在不知不觉中被带入现实生活，从而妨碍自己与他人之间的有效接触。

父母能做的，就是在孩子的生命前期，少给他们增加一些遗憾。不打断他，在旁边目送他独立走好一段段完整的路程。

只有这样，他才能更有力量地告别过去，走好以后人生的每一段路。

孩子玩游戏，是减压还是成瘾

世界卫生组织（WHO），正式把“游戏障碍”定为疾病。

按照定义，游戏障碍者有三种表现：

◎ 对游戏失去控制力。

◎ 对游戏重视程度高于其他活动。

◎ 即使出现负面后果仍然继续游戏。

这让不少家长焦虑起来。

有个朋友找到我，担心自己孩子在游戏障碍的边缘徘徊。

他说，他儿子从初中起就很爱玩游戏。每天放学后总要打上几局，吃饭和写作业后再打几局。周末写完作业也喜欢打一下游戏。打游戏的过程不让别人打断，不然就会闹脾气。

他曾经为了帮孩子戒掉游戏，软硬兼施。先是苦口婆心地劝却劝不动，后来一气之下断电断网，结果儿子溜去同学家，照打不误。

他既担心又无奈。担心的是，儿子自制力不足，以后离开家上大学没人管，上瘾了怎么办。无奈的是，现在网络科技这么发达，即使阻止儿子打游戏，他也会一直玩手机，更何况同学们互相影响，游戏更是戒不掉。

的确，随着技术的发展，网络、游戏、视频等的诞生，似乎制造了一些新的精神障碍。

这也激发了一些父母的恐慌，但凡孩子对游戏有点儿依赖，都会引发他们的惶恐：孩子不会成瘾了吧？

游戏，很可能只是一个过渡空间

在我接触的有较为严重游戏依赖的孩子中，我并不愿意给他们贴上“游戏障碍”这样的标签。我更看重的是什么让孩子如此依赖游戏，他的整个人格发展和养育环境是怎样的，他遇到了什么麻烦，让他陷入虚幻不愿意走出来。

在我看来，游戏是个小小的自我空间。如果细细去探索我们对游戏的需要，有助于了解我们自己的内心世界。

记得学生年代，我喜欢玩街霸和三国志这样的电子游戏，有时通宵达旦地玩，甚至忘记吃饭。

如今我手机上也有款游戏，咨询间隙会玩上几局，之后心情会放松很多，继续投入工作、生活中。

我并不认为自己成瘾了，我只是很享受罢了。只要打开游戏，好像就进入一个只属于我的空间，可以让我自在地放松一下。打游戏帮我度过了很多无聊、烦躁、疲惫的时候。

这就像很多人玩手机一样。

游戏更多时候是给我们提供了一个包容的空间，让我们有了栖息之地和容身之处，尤其是在现实不如意的时候。

这样的空间叫：过渡空间。

这是每个健康的人必有的、一生相伴的地方。这也是我不排斥孩子打游戏的一个最大原因。

究竟，过渡空间是什么呢?

这个概念是由心理学家温尼科特提出来的，可以简单理解成：现实和幻想的一个缓冲带。

这是一个安住之地，这里很自由自在，有美好幻想的成分，又不会和现实完全断绝。

当现实无法满足所有需求时，这个空间的存在就很重要，我们可以从中得到补偿。

有没有这样一个人、一件事或一个场所，让你感觉自己在面对他们或身处其中时是投入的、自由的、自在的、毫无压力的，哪怕很短暂。

如果有，那就是你的过渡空间。

比如，工作很辛苦的朋友，他们可能拿着为数不多的工资，面对着紧张而艰难的工作，但有时会不惜花一笔钱去吃顶级的美食，或是租住装潢好看的房子。美食、房子就是他们的过渡空间。他们以此可以为自己第二天的通宵工作补足动力。

再如，有人喜欢画画、写日记、撸猫，并且压力越大，越会去做。因为每当进入这些时刻，总会觉得自己脱离了日常的浮躁，沉溺于无意义的快乐，又不至于和现实完全脱节，并因此积累了很多内心的能量。

除了这些日常的补偿外，过渡空间还会在一个人面对惨淡现实时，挽救他一把。

我曾经有个 13 岁的男孩来访者。

父母在他 6 岁时离异，各自成家，谁也不愿要他。于是，他只能跟爷爷奶奶生活。

后来爷爷奶奶也相继过世，他搬去和姑姑一起生活。老师几乎看不到他，同学经常欺负他，他不玩手机更不会玩游戏。

早年如此多创伤，现在又被极度忽视，这个孩子的内心没有大强度的崩塌，真是很幸运。

直到咨询大半年后，他才怯生生地告诉了我一个秘密：他喜欢乘坐市内公交车。每次放学他都会随意搭上一辆公交车，从起点坐到终点，再乘坐另一辆，继续从起点到终点，反复数次才肯回家。

奶奶去世后近三年，每周的周一到周五，几乎都如此。

他说："我看着窗外的风景和上下车的人，觉得很轻松。"

在不少人看来，他绝对是"公交车成瘾"，但是我更愿意看作他为了缓解内心冲突、改善现实焦虑而找了一个空间罢了。

试想一下，倘若没了公交车，他的痛苦要往哪里安放，情感又将何去何从？

很多沉迷于游戏的青少年也是如此。当现实无从满足他的大部分需求时，游戏就会出来包容他们，让他们相对自由自在地做一会儿自己。

而只有当现实几乎把他们逼到绝路，他们才会真正地成瘾，也就是直接沉溺于过渡空间深处，再也无法出来。

为什么孩子那么需要游戏

要帮助孩子避免成瘾，我们要先理解，为什么孩子那么需要游戏。我们是否能在现实层面满足他们的一些需求，让他们不至于把所有需求都寄托在游戏上。

其实，他们需要游戏的原因只有一个：理想太丰满、现实太骨感。

说得直白点儿，有些需求在现实中得不到满足。

我有个 28 岁的朋友，每次开始沉迷于游戏，就意味着她在现实中出现了一些问题。要不就是有事业瓶颈，要不就是和男朋友吵架，要不就是状态很差。

她一边克服着艰难的现实，一边给自己多一些时间待在游戏的过渡空间里，她需要缓一缓。

孩子也一样。

在高竞争的学业环境下，他们的不快乐有很多：

◎ 压力太大、规则太多。

如今似乎全世界都在重视孩子的学习。这无可厚非，只是当所有空间被压缩成一件事的时候，没人能够真正快乐和自由，有的只是焦虑。

◎ 人际关系不如意。

无论父母、老师，还是同学、朋友，真正关心你“快不快乐”的人越来越少，更多的是关注你“优不优秀”。

这会让一个人的成就和价值变得功利，作为“人本身的存在”很少被重视到。

当现实压力越来越大，内心希望的样子迟迟没有到来的时候，就产生了冲突，冲突越大，孩子对“自由自在做自己”就会越渴望，于是“过渡空间”就产生了。

它可以给孩子充充电、加加油、减减压。游戏只是其中常见的一种，更方便满足孩子。

在网络游戏中，几乎可以满足所有现实中得不到的体验：被重视、被认可，可以改写、重来、团体作战，目标一致，关系亲密，鼓励规则被打破，提倡攻击被释放，没有评判、没有责怪。

更为关键的是零门槛，就像你刷朋友圈一样便利和简单，甚至都不需要意义，只是自在。

文章开头那个焦虑孩子游戏成瘾的朋友，把他的儿子带到了我的面前。

在和他孩子聊天的过程中，我慢慢发现，游戏给性格内向、学习成绩一直不好的他，提供了一个很好的出口。

他在里面收获了成就感、快乐、被欣赏，还有和队友的友谊，甚至因为打游戏，他可以和周围的同学聊游戏，交了几个不错的哥们儿。

这让从小就成绩平平、一直坐在教室角落的他，不再觉得学校生活难熬。相反，他愿意融入大家，不再那么恐惧学习上的竞争，因为他在别的地方（游戏）有了成就感。

他的排名没有父母期望的提升，但也没有因为游戏而下滑，更没有上瘾（每天在保证作业完成的前提下打一两个小时游戏就会停下来），并且过得更快乐了。

对他而言，游戏只不过是一个喘气的必要空间。

所以当游戏被打断时，他的愤怒似乎也可以被理解。他需要一个自己的空间，专注在里面尽情享受自在的感觉，真正地享受过渡空间。

万一孩子游戏成瘾了怎么办

有些父母可能还是会有疑虑：万一成瘾了怎么办?

这里我想说，游戏是可能上瘾的。或者说，每个过渡空间都有上瘾的可能。

过渡空间连接了现实和幻想，如果把握不好，无论孩子还是成人，都有可能直接坠入幻想，出不来。

网络游戏是过渡空间还是成瘾障碍，分水岭有两点：

◎ 这个过渡空间是否被允许。

◎ 所处的现实是否有吸引力。

沉迷于游戏，是因为现实有部分需求未满足；而游戏成瘾，是因为在现实中的大部分需求都无法满足，太过冰冷和残酷，我们才躲在里面不愿意出来。

我接触过两个十分类似的家庭：爸爸缺位，妈妈独自照看孩子，孩子都在读高中时辍学在家，痴迷于网络游戏一年左右。

最后结局截然不同：一个孩子重新返校并考上了理想的大学，另一个孩子依然痴迷于网络游戏并患上了抑郁症。

造成这种差别仅仅隔了一年。

造成巨大反差的正是妈妈的态度：一个妈妈几乎做到了专业咨询师的共情和维护；另一个妈妈则依然焦虑，用惯有态度和策略来约束孩子。

第一个妈妈示范了对待沉迷于过渡空间者最合适的态度：体察他的感受，并尊重他对过渡空间的需要，而不是一味地评判。

没什么比孩子辍学遁入网络更让父母焦虑的了，但这个妈妈接受了这一点，并接纳了这个事实，她用了整整一年调整了之前的养育环境。

一方面，积极建立其他更接近现实的过渡空间。比如旅行、参加夏令营、一起看电影、饲养宠物等，当然这些都是孩子感兴趣的。

另一方面，对孩子玩游戏几乎做到了不评判、不禁忌、不提倡。

不评判，意味着看见他对游戏的需要。不禁忌，是因为越不让孩子做的事情，他越可能为了获得某种独立精神，一定会和你对抗，甚至偷着做。

还有不要无意识地提倡，比如名次进步就让玩、考试结束就让玩之类。因为这样交换式的褒奖会暗示孩子：这是一种稀缺资源。这样孩子会更加好奇和沉迷。

这个妈妈用 300 多天坚持维护孩子的体验，改变发生了。

既然最亲的人能给孩子带来游戏里获得的体验，孩子为何还要痴迷在游戏里面呢?

妈妈持久的维护和共情的反馈，建构起了最重要的过渡空间，从而使孩子从网络中转移了。

记住，没有哪个孩子自愿沉迷于网络放弃校园集体生活，一定是外部环境让孩子纠结到无处可逃，他才会遁入网络。

当然，这个妈妈一年多的辛酸和委屈绝对不比孩子少，但她也构建了属于自己的过渡空间，比如找我咨询、享受自己的兴趣爱好等。

所以，当孩子痴迷于某一事物时，你首先要理解这是他对过渡空间的需要，要清楚孩子如果没有过渡空间，无处可去，可能出现巨大的崩塌。

随后把孩子和他的需要放到整个家庭、学校环境中看待，放到孩子整个生命发展历程中看待，继而调整环境来维护他的过渡空间。

并且，在现实中看见他的需求，多满足他的需求。千万不要一看到他玩游戏，就赶紧采用各种方法扭转。因为这不但徒劳无功，往往还会剥夺孩子放松的机会，逼得孩子直接遁入过渡空间。

一旦遁入，“过渡”的作用就彻底消失了，随之而来的是和现实完全隔离的“幻觉空间”。这才是真正的游戏成瘾：孩子只能在游戏的幻觉中活下去。

因为现实对孩子而言，连必要的过渡空间都不被允许。

还有什么可留恋的呢?

孩子的情绪跟具体事件无关

家中有一个13岁的孩子，一定会让你有坐过山车的感觉，惊险刺激，高潮和低谷交替出现，让你爱恨交织不能自拔。

社会、文化、家庭、学校的影响，学业的压力，生理原因等，都让13岁充斥着不可调和的矛盾。

这里说的13岁，其实可以泛指青春期。

在此讨论的只是他们的情绪，不谈他们的问题。因为我们认为的问题，对于这个年龄段的孩子而言可能都是正常的。所谓“问题”“叛逆”“青春期”等字眼，不过是我们按照自己的理念给他们贴上的标签。

我们也要放下“孩子的所有问题都是家长的问题”的魔咒，只是一起走近他们，看看他们的情绪是如何影响他们自己，以及和父母的互动关系的。

13 岁孩子的情绪和具体事件关系不大

这一点很容易被家长误解。

小飞今年刚满 13 岁。期末考试成绩退步了不少，回家第一件事就是把手机交给了妈妈，并扬言下次月考前不再玩手机。

妈妈正在为小飞的成绩生闷气，见小飞主动交出手机不禁喜出望外，觉得孩子一下长大了，懂得了取舍，并为小飞的自律窃喜。

谁知刚过两三天，小飞便开始抱怨，嫌没手机不方便，没法联系同学，没法听音乐，更没法查作业资料。

抱怨渐渐变成了愤怒，摔摔打打、骂骂咧咧，和妈妈顶撞。连续几天后，妈妈实在受不了了，和小飞吵了一架，结果“两败俱伤”。

于是，妈妈把手机还给小飞，嘴里说：“你爱咋办咋办吧。”

这时，只见小飞发疯似的大吼，眼睛瞪得溜圆，好像妈妈是他的仇人一样，继而把手机“狠狠”扔还给妈妈，大声喊：“我又不是这个意思！你脑子有问题吗？”

妈妈盯着小飞，半晌说不出话来。

小飞的妈妈错就错在把小飞的情绪和玩不玩手机联系在一起了。这是家长普遍的误解，然而对青少年而言，糟糕的情绪和具体事件无关。看似小飞是为不玩手机发脾气，事实并非如此。**他是在为自己不能做到自律而焦虑。**

许多孩子都是这样，为避免更糟糕的情绪，会把事件归因为另一件事，从而避免情绪进一步恶化。

这件事相当于对自己的惩罚，自我剥夺了一种快乐，等到情绪慢慢好转，就会再次想获得这种快乐，撤回惩罚。

小飞的例子很典型，由于不能接受考试失利带来的羞愧感，继而把原因归为玩手机。把手机交出来就是一种自我惩罚，以剥夺玩手机的快乐来表明决心，也避免妈妈对他的进一步“羞辱”。

当这种羞耻感慢慢消退后，就会觉得惩罚太大，小飞生气的原因是为自己的决定和选择而懊恼。妈妈归还手机更加强了他的这种懊恼，会增强小飞因缺乏自制力导致的羞愧感。

此时，孩子的内心是非常冲突的。

孩子情绪激动时，说的都是气话，你若当真，他们会更恼怒。

当他说不看电视、不去补习班、不吃饭、不上学、不玩手机、不复习的时候，你若是真的配合了，真不让他看电视、真不给做饭……那就大错特错了。

他需要的只是把这样的情绪“表演”给你看，你看见就行了，千万别较真。

你只需要理解：他们就是发脾气，和当下这件事关系不大。

13 岁的情绪天空阴晴不定，乌云来的时候不需要原因

很多孩子不像小飞还能找到手机作为替罪羊，他们会莫名发飙、莫名悲伤，而你根本找不到原因。

最常见的就是放学回家脸上写满了不开心，躲进自己房间不吃饭，或看啥都不顺眼，或把最爱的毛毛熊扔到床下，或把头埋进被子默默流泪……而你就丈二和尚摸不着头脑。

此时，你最容易犯两个错误：追问和安慰。

你正在被他带入，就像一部悬疑片，他给了你足够的线索，吸引你去破案，但你不知道那是个陷阱。一旦你开始追问，就已

经掉进了陷阱。

你的疑惑和好奇会引发一场灾难，危险正在一步步靠近。

比如开始问：怎么啦？发生什么了？谁惹你了？老师批评你了？同学欺负你了？小强没和你一起？

这样的追问换来的结果往往是：沉默和烦躁。孩子要么一声不吭，要么大声说："别问了，烦死了！"

你的错误在于：非要给情绪找一个原因。

事实上，孩子很可能没有具体原因；他也不知道原因，就算知道也会被你的追问强化。

比如被老师冤枉了，知道了又能如何？你的追问只能强化这个事实，被冤枉的委屈感并不是最重要的，重要的是他现在的情绪你是否接纳。

就算你知道了原因，接下来就是安慰和说教，这简直就是他的紧箍咒：别烦了、快吃饭吧、还不赶紧写作业、这又不是你的错干吗生气、没事儿的别着急、没啥大不了的、这又怎样、睡一觉就好了……

父母所有的安慰都是强化

你已被带入，你正在为他的焦虑而焦虑。事实上，他的焦虑让你很不安，你一方面安慰孩子，另一方面是在安慰自己，不让自己为了孩子的苦恼而着急。

面对这种无厘头的糟糕情绪，你只需要做到两点：在场、淡化。

你只要传递给孩子这样的信息：你在，你知道了。仅此而已。不急不催不问不火，就是不强化。

强化，对处在情绪中的孩子来说，无所谓好坏，只会增加他“认为此刻不够好”的感受。

他若真想让你知道自然会说，你不需要上蹿下跳心急如焚，当然也不能忽视当作无所谓。你要让他感受到你看见了他的难过，把你的“波段”调到中立位置，陪着即可，切不可夺门而去逃避自己的焦虑。

你会发现，过不了多久，他就会“破涕为笑”。

他会像一个 3 岁的娃娃依偎在你身边讨巧，嘴里说着让你酥麻的甜言蜜语，给你捶背或给你来个熊抱。

这正是 13 岁孩子的可爱之处，烦恼在爱中消融得很快。

没错，13 岁孩子的内心就是天使和魔鬼并存。

13 岁的孩子就是自相矛盾甚至相互对立的

许多焦虑的妈妈向我反馈，她们 13 岁的“祖宗”对她们的要求自相矛盾，让她们不知所措，怎么做都是错。

是的，你的感受是对的，你感受到的就是他内心实际发生的。

他就是这样感性与理性一起、爱与恨交织、责任与逃避并存、独立与依赖共生、敏感与粗心同行的。

矛盾是必经之路，他就是要经历这些历程，这是通往自由的自然整合，这不是问题，是事实。

如果你不理解，可以回忆一下自己的 13 岁，那段美好又困惑的岁月，有矛盾和冲突才会困惑，而正是不断整合矛盾之后才能收获美好。

你无法理解这个成长阶段的自然属性，就会增加自己的焦虑。

有一位敏感的妈妈饱受折磨，找到了我。

她 14 岁的女儿佳佳从小乖巧懂事，最近半年却性情大变，不仅开始浓妆艳抹，擅自剪掉长发，而且打了一排耳洞。

最让妈妈接受不了的是，佳佳一脚踹烂了房门，原因居然是嫌做的菜太咸了。

佳佳的妈妈神情黯淡，一脸抑郁，她怎么都想不明白，曾经引以为豪的女儿居然如此伤害她。她觉得生活失去了盼头，希望破灭了，十几年的心血付之东流。

“还有什么特别的事吗？”我平淡地问。

她有些吃惊，瞥了我一眼，没好气地说：“还要怎样特别的事？这还不够吗？”

沉默了一会儿，好像觉得刚刚的话有些不礼貌，补充道：“也没别的，晚上还会主动钻我被窝，让我搂着，像猫咪一样乖。”接着她又说，“可我实在接受不了她踹我房门的事，她怎么做都不能弥补我的失望。”

后来，我们一起谈了十几次，她才慢慢接受了女儿的成长状态。

佳佳的妈妈正是不能接受女儿的成长方式，才会导致糟糕的抑郁状态。

其实，孩子都在轻松地成为自己

成为自己，这是他永恒的追求，也是所有问题的症结所在。

这个目标对 13 岁而言，就是一场“艰难的修行”，充满了矛盾与困惑，这些困惑大致包括：

◎ 如何自己说了算又不伤害父母。

◎ 如何在没有经济支持的情况下做个成年人。

◎ 如何摆脱父母管教又不惧怕未来。

◎ 如何被同学重视又不做作。

◎ 如何不因为成绩不好而自责。

◎ 如何承担责任又不陷入冲突。

◎ 如何让自己舒服又让父母满意。

这些矛盾大量存在，任何小事件都会激发其中的一种，继而陷入困境，外在表现就是情绪的各种失控。

作为父母，除了稳定、淡化、不能较真之外，还要真正理解他们的矛盾。

这个时期统称为“自我认同”阶段，只有自然度过了这个阶段，孩子才会走向独立的自我。

“我是谁”

13 岁孩子自我认同的背后，是一种对生命的探索。

也就是说，一个人类终极命题第一次出现在他们头脑中，那就是：“我是谁？我生而为人的意义在哪里？”

对这个问题的无意识探索带动了矛盾的产生，也意味着思想开始成熟，就像某种成人礼，准备开启下一个人生篇章。

长大的过程，就是和父母分离的过程，这种分离其实是一种丧失。孩子呈现出来的所有，都是来对抗这种丧失，而不是针对父母本人的。

所以，乖巧懂事了十几年的佳佳，准备改变自己的形象。那临门一脚踹破的不只是妈妈的房门，还是通往自我的独立之门。

那一刻，自然状态下，谁也无法阻挡，亲妈也不行，“佳佳们”在用这样的形式向世人宣告：属于我的时代到来了！

而妈妈们的悲伤、焦虑正是阻碍这种自然成长，用内疚和责难阻止分离。

“佳佳们”懂事了那么久，第一次意识到自己的乖巧懂事原来是某种谎言，自己不需要那么讨巧让他人表扬。自己就是自己，而不是什么懂事的自己，这难道有错吗？

这就是天使和魔鬼共存的13岁，一个徘徊在成人与孩童之间的复杂群体。

尊重他们原本的样子吧，否则，就会出现真正的问题。

当然，他们的内心世界十分丰富，就像漫天的星星，璀璨亮丽。

倘若时光倒流，我愿重返13岁，去重温那些成长的力量……

让孩子做孩子，而不是做你的父母

孩子是“小大人”，父母是“巨婴”

著名心理学家温尼科特在英国广播电台的育儿讲座中曾说过：“你或许有自己的一套标准，也很珍惜自己做主的生活方式，所以我真为你感到遗憾，因为你一旦变成一个妈妈，从此就要适应孩子，而不是相反。”

这话不论从生物进化角度还是人文心理学角度理解都是正确的，这牵扯到“关系里的位置”，特别是家庭三角关系。几乎所有问题都来自家庭的“三个角”位置紊乱了。

看似简单的三个支点：爸爸、妈妈、孩子，却能变化出无数形状，十分复杂。

最为常见的就是一个角缺位（往往是父亲），另外两个角无限靠近（母亲和孩子），最终导致孩子承担父亲的部分角色，甚至承担父母双重角色。

此时，**孩子成了半个“父母”，父母或父母一方退行成了“巨婴”。**

比如（特指以下方式已成为生活常态）：

◎ 过度在意孩子学习成绩，成绩好坏是家庭晴雨表，也是妈妈快乐和痛苦的源泉。

这会让孩子用成绩来“喂养”妈妈。

◎ 过于在意孩子吃饭穿衣，特别是爷爷奶奶，不停地给孩子加饭并要全部吃下，脸上堆着满足的笑，就像看着当年饿了的自己。

这会让孩子用“假装好吃”“假装能吃”来“喂养”爷爷奶奶。

◎ 给孩子报各种补习班、兴趣班，根本停不下来，见不得孩子有一点属于自己的时间，陪孩子一起连轴转，天天喊累却不休息，好像只有这样才不会“输在起点”，才不会被看不起。

这会让孩子用“不得不刻苦努力”来“喂养”父母。

我的有些来访者早年就是这样的“小大人”：

有的还不如灶台高，就变着花样给爸妈做饭，只为他们能在家多陪陪自己；

有的肩负“光宗耀祖”的家族使命，从小被迫“两耳不闻窗外事，一心只读圣贤书”；

有的想尽办法逗妈妈开心，至今也不明白，妈妈为何一天到晚哭丧着脸；

有的主动辍学，只为帮比自己小不了几岁的弟弟，因为实在受不了父母为钱唉声叹气、怨声载道；

有的则不停“生病”“逃课”，因为只有这样，爸爸妈妈为了“照顾”自己才不会吵架、不会离婚。

这一切都说明：**孩子成了父母的照料者，父母成了孩子的索取者。**

我们是如何把孩子变成“小大人”的

父母是如何退行成“巨婴”，继而让孩子来“喂养”的呢？

父母角色的缺失，往往会让孩子变成父母来弥补这种缺失。

这在本质上是为了拯救家庭关系。

缺失有两种：一是真的失去，父母去世、失踪等，二是父母人还健在，但孩子已感受不到他们的存在。常见的是爸爸缺位，妈妈和孩子过于亲密。

可能爸爸长期出差，不管不问，只顾忙自己的事业。妈妈很多情绪的排解不能指望伴侣，只能靠孩子来缓解。

曾有位男性来访者，快 50 岁了，未婚，依然和 75 岁的妈妈住在一起。

很久之前，妈妈非常焦虑，到处让人给儿子介绍对象。可每次儿子跟女朋友相处最长不超过半年，妈妈就会生病，或对儿子的女朋友各种不满。

有一次，都快订婚了，妈妈突然摔倒在楼梯间，小腿骨折住院三个月。儿子不得不陪在妈妈身边，最终和女友也分手了。

年龄越大，越发碰不到合适的，最终他也不想结婚了。

他的父母感情很差，从他记事开始父母就吵，经常大打出手，每次吵完妈妈就抱他去别的地方住，有时甚至住一年，不让爸爸见他，并且各种暗示，只有妈妈才是世上最爱他的人。

20多年前父母离婚，他从此再也没见过爸爸，母子二人相依为命，直到今天。

这是非常典型的妈妈把儿子当半个老公来养。儿子也心甘情愿补位（这会获得更多的爱），填补了爸爸的位置，最终导致家庭三角彻底被打破，角色混乱。

除了父母角色的缺失，父母还通过以下三种方式让孩子变成“小大人”。

（1）威胁与恐吓

给孩子传递这样的信息：“如果你表现不好，就会有糟糕的后果。”比如：

◎ 你不好好学习，我就不理你。

◎ 你不听话，我和你爸就离婚。

◎ 你不求上进，我就会生病。

◎ 你不考“双一流”大学，我们家族希望就破灭。

威胁与恐吓会通过苛刻、挑剔甚至非打即骂来表达，也可能通过自己很可怜来表达。

这是通过激发孩子的恐惧来让他们照顾父母。因为当一种糟糕体验背后有更可怕的体验时，人会本能地选择前者。

（2）自我牺牲

为孩子做很多超出自己能力范围的事情，放弃自己某些利益，委曲求全。比如放弃工作、兴趣，舍不得吃舍不得穿，舍不得享受，并且会把这种“牺牲”传递给孩子知道。

这会激发孩子的内疚感，觉得亏欠父母，必须要报答他们、

“喂养”他们。

（3）过度褒奖

很多“别人家的孩子”就是这样养成的。

孩子有点儿小成就、小进步，就过度表扬、赞美，不切实际地戴高帽。

不但给孩子过度的物质奖励，也让他觉得这样才“更值得被爱”，才是完美的孩子；父母和他在一起就像沾了光，变得很快乐、很开心。

加上外界频频赞美，经常被拿来贬低别人的孩子。时间久了，孩子也会被假象迷惑，进入一种“全能自恋”的状态。

当孩子被架到这种高度时是很危险的，他容不得犯错、失误，更不能容忍失败，否则就会强烈地自我攻击，甚至自甘堕落。

他不得不成为别人的标杆，变成满足父母自恋需要的“妈妈”，也会要求、挑剔父母，就像父母的父母一样。

以上不论哪种方式，都在试图把孩子变成“小大人”，都在告诉孩子：快来满足我、“喂养”我呀。

“小大人”长大之后往往出现两个极端。

第一，不遗余力地满足他人、照顾他人的情绪。

有的人，只要能帮助别人照顾别人，牺牲自己无所谓。

他会过度考虑别人的感受，甚至生存都成问题还去捐款、扶贫、做公益，或收养小动物。因为“舍己为人”就是他存在的意义和价值。

第二，再次“变回孩子”，重新享受母爱。

这个极端充分说明父母会把孩子变成“父母”的根源：父母

小的时候没有机会“做孩子”。

他们本该享受的自主、自由、童真、无拘无束被客观因素、被父母中断了。他们看父母脸色、给父母赚钱，等长大就会无意识寻找让自己满足的人。

若没有，恰好伴侣又指望不上，就很可能从孩子那里补回在父母那里失去的童年。

让孩子做孩子，家庭角色不能错位

家庭稳定的前提是各个成员必须归位，妈妈就是妈妈、爸爸就是爸爸、孩子就是孩子，爷爷奶奶是核心家庭之外的。

做到这一点并不容易，这需要：认清一个事实，明白一个道理，坚守两个原则。

这个事实是：亲子之爱是单向的。

孩子是否孝顺正如你自己一样，过了某个阶段自然会有，不必过早让他们报答，变成双向需求。

经典影片《当幸福来敲门》就生动诠释了什么是单向的、无条件的爱：不管爸爸遭遇多大磨难，和妈妈分手、负债累累、没工作，甚至每天排队领救济粮、夜晚住在厕所……

这些事都是和 6 岁儿子一起经历的，但这个爸爸从未在儿子面前表现出悲伤、绝望、无助，也从未让儿子体验到自己的艰辛。

相反，爸爸通过游戏互动、乐观积极的态度、与有钱人相处时的自尊自爱，让孩子不断感受希望、体验幸福。

需要明白的道理是：尽最大可能了解自己的原始需求。

我们内心最匮乏的是什么，了解得越多就越不被它控制，也就越不会投给孩子。

道理很简单，却极少有人坚持探索，因为恐惧知道匮乏背后的创伤，那会给自己带来羞愧和耻辱。

需要遵循的两个原则是：

第一，在孩子能力范围内的需要，你不必去满足。

没必要越界，凡是越界都是你的需要。这就是所谓的“恰到好处的挫折”和“足够好的妈妈”。

第二，你的情绪要先被满足，而不是用超出能力的牺牲来满足孩子。

你是你，孩子是孩子，不要以“爱孩子”为理由来“爱自己”。

问题少年，可能是被隔绝的天使

团体督导中，同行分享了这样一个案例。

小麦是一个 15 岁的高中女孩，白白净净，眼神清澈、明亮，表现出来的问题是：没有朋友、辍学在家、痴迷布娃娃家族。

咨询室里，小麦总会随身抱着一个布娃娃，她管它叫“麦子”，话题也都是：给麦子梳妆打扮、与麦子对话、和麦子购物、给麦子看病等。

每每此时，咨询师都会询问她的现实：和爸妈的关系、兴趣爱好、为何辍学。

而小麦好像完全无视这些问题，也不做任何回答，继续沉浸在和布娃娃的互动中。

几次无果，咨询师感到了强烈的被忽视，觉得自己在小麦面前就像空气。每当小麦在描述麦子的时候，咨询师总是犯困、生气，挫败感开始蔓延。

于是，小麦开始迟到，两次之后就再也不来咨询了。

听完，有一种悲凉从心底缓缓升起，我突然很心疼小麦，也很喜欢她，不，是很欣赏她。因为我听到了小麦和麦子互动时那些美丽的故事：

她们生活在另一颗星球，在那里没有责骂、没有苛刻，甚至没有学校，她们漫步在芬芳的丁香树下，一起跳舞，一起捉绿色的蜻蜓，一起把白云撕成一片一片，然后嚼在嘴里当棉花糖……

通过这些描述，我不会把小麦定义为“自闭”，把麦子定义为“幻想”。我在想，美丽的小麦，可爱的麦子，以及她们世界中纯粹的美好。

许多家长、老师都像小麦父母一样，给小麦这样的少男少女贴上了“问题”标签，送进了心理咨询室。

小麦被隔绝了，在我看来，像极了一个美丽的错误。

“小麦们”为何没有朋友？

因为没人可以理解他们，没有人关心他们内心的另一个世界。

他们原本不是这个样子，他们原来就像他们痴迷的这种东西，就像麦子这个布娃娃，如此可爱、纯粹、通透。

小麦精心呵护着麦子，沉浸在麦子的情绪中，无微不至地理解着麦子。麦子作为一个布娃娃，是幸福的。

很多孩子原本就这么幸福，在他们这样展示自己的时候：

◎ 张开双臂向你扑过来。

◎ 欢呼雀跃地让你看他的涂鸦。

◎ 把你买的玩具拆得七零八落。

◎ 炫耀和小伙伴比赛踢进了一个球。

◎ 上课把小纸团打在小明脑袋上。

◎ 故意惹老师生气引发全班哄笑。

◎ 突破自己，考了 85 分。

这时他们是幸福的，完全沉浸在自己的小小美好体验中。你只需要维护这种美好体验，就会很自然地延续他们的幸福感。比如：

◎ 弯下身听他在说什么。

◎ 看见他眼神中的小兴奋。

◎ 用表情告诉他你很感兴趣。

◎ 用几个字表示你知道了。

◎ 一个微笑、一次点头。

此刻，你不必大惊小怪，也别阴晴不定，孩子需要的是一种平稳被看到的态度，大喜大悲那是你的需要，不是他们的。

而父母绝大部分都会这样回应：

◎ 冷漠地回答："我知道了。"

◎ 头也不回地说："你真棒。"

◎"快点儿说，我忙着呢。"

◎"怎么搞的，弄得满身是泥巴。"

◎"你看看人家都考满分，你还好意思说。"

◎"没看见我在做饭吗？"

是的，这就是你常有的回应，偶然几次没什么影响。若这样的回应一直存在，或者时断时续，孩子的感受会是什么？

开始他们会感到挫败，会继续引起你的关注，然后产生"需要"。

是的，“需要”不是一开始就有，而是得不到恰当回应后才产生的，需要一旦产生，就会设法去“满足”。这种需要开始并不是被关注、被理解、被爱，而是害怕不被关注、不被理解、不被爱。

小麦就是在被冷漠对待中长大的女孩，所以她开始的需要是“害怕被苛刻、害怕被忽视”的感受，重点是“害怕”，而不是被忽视、被苛刻。

害怕这样的担心再次重演，害怕这样的害怕不被允许。之后，渴望被关注、渴望亲密的需要才会浮现。

如果继续受伤害，再次被漠视，依然遭受创伤体验，渴望被关注、渴望亲密的需要就永远不会浮现。

经历一轮一轮的失望，最后彻底绝望。

绝望后的孩子，为了能像人一样活下去，就会遁入幻想。

比如小麦就这样遁入了和布娃娃的世界里，在那里，再也没有伤害和断裂。

遁入这个世界有多种形式：上网成瘾、购物狂、贪食厌食、抽烟喝酒、破坏公物、偷窃行为。只不过小麦选择的是布娃娃。

很少有人去思考孩子们在这个世界中的情感体验，也少有人看到他们是如何一步步走进了这个世界。人们只是拼命消除他们的问题：如何戒除网瘾、如何让他正常吃饭、如何让他生活有规律、如何尽快去学校。

越在问题上做文章，孩子陷得越深，最终他们用你拒绝他们的方式，和你、和这个世界隔绝了。

你要做的不是消除“问题”，而是走近“问题”。你要克服自己的焦虑和自大，允许自己靠近他们的世界，和他们一起在那里探索、玩耍。

你要变成麦子的小麦。像小麦对待麦子那样对待孩子，和孩子去追赶绿色的蜻蜓，把白云撕成碎片在嘴里自由地咀嚼……

通俗点说，不要把他们的世界看作问题，那样没法有情感互动，因为你的世界在他们看来也是问题。这就是导致小麦没有朋友的原因。

而当你走进他们的世界，和他们在一起的那刻，就已经有关系了。

美国经典影片《伴你高飞》中，13岁的艾米和妈妈生活在一起，一次交通事故夺去了妈妈的生命，艾米跟着久未谋面的爸爸来到了农场生活。

承受丧母之痛，又面临完全陌生的环境，这一切都让艾米感到很不适应。和爸爸更无法走近。

艾米非常孤独。

有一天，艾米意外地发现了一窝大雁蛋，从此她变成了大雁妈妈，用衣服和灯泡做了一个简单的孵化箱，孵出了小雁，和它们一起在农场嬉戏、玩耍。

在这个世界里，艾米渐渐找到了久违的快乐。

可是，按政府规定，野雁不可以家养。为了让它们重返自然，为了让女儿从失去妈妈的悲伤中走出来，爸爸卖掉了自己心爱的月球登陆舱，为艾米做了一架像大雁一样的飞机，并教会了她飞翔。

艾米驾驶着飞机冲上蓝天，在她身后，有长长的一队大雁陪伴她一起飞翔……

艾米的爸爸就这样走进了女儿的世界，重新构建了亲密，让艾米找到了温暖与爱。

身为父母，这很值得我们反思。

记住，孩子的“问题”不是幻想，而是对他的保护，让他感觉在这个世界生活得很好、没有烦恼。

进入孩子的世界的过程中要耐得住寂寞。

想获得孩子的信任是很难的，因为你觉得他有问题，而你认为的问题正是他们的世界。你要走近他们的价值体系，而不是否定他们的价值，强行让对方认同你的价值。

建立信任，有可能需要几个月，甚至几年，你不能急。

他信任了你，才可能再次向你展示需要。展示需要的那一刻，就是他走出了自己的世界，向你的世界靠拢的那一刻。

愿所有父母都是麦子的小麦，都会看见孩子内心的另一个世界，并一路同行，直到孩子踏上属于自己的英雄之路。

好爸爸，是有能力跟女儿亲密的

我女儿3岁时，有段时间必须进行两项工作：“骑大马”和“胡子扎扎”。

“骑大马”，就是搂着我脖子骑在我背上，然后我们一边大声唱“阿里，阿里巴巴，阿里巴巴是个快乐的青年！驾驾驾”，一边爬来爬去不停打转。数分钟后，我们一起歪倒在床上，哈哈大笑。

“胡子扎扎”，则是个固定的睡眠仪式。每次女儿入睡都要做两件事，一件和妈妈“晚安亲亲”，一件让我用胡子蹭蹭额头，被称为“胡子扎扎”，只有这样方可安然入睡。

如今女儿已读小学，但每次心情不好或者害怕，依然会要“胡子扎扎”。问到她小时候最开心的事，“骑大马”便是最佳答案。

良好的父女关系真的能给彼此的生活增加很多幸福感。事实上，像我和女儿这样的互动，在很多父女关系中是缺失的。

不是不爱，而是不知如何爱

在女性来访者中，有句话是发催泪弹："你记得小时候爸爸抱过你吗？"

在她们的回忆中爸爸从没抱过自己，那些电视剧中的常见场面：骑在爸爸脖子上、被爸爸举过头顶、被爸爸抱着原地旋转，甚至亲额头牵手等，几乎从未有过。她们记得更多的是爸爸的早出晚归、辛苦养家，爸爸的汗水、抽烟喝酒，还有爸爸的沉默与严厉。

所以，爸爸一点点的温情就令人终生难忘。比如爸爸骑自行车带着自己去赶集，爸爸给自己系鞋带，生病时爸爸的背影，等等，显得那么稀缺和珍贵。

其实，**很多爸爸不是不爱女儿，而是不知如何爱。其实，就是他们不知道如何与女儿亲密。**

这让父女关系一直处于一种尴尬的氛围中，也会对女儿有长远的影响。

因为，一个女性是否成熟自信，很大程度要看早年爸爸是否有能力与她亲密。

过度浓烈和过度回避

和女儿亲密，这的确是一种能力。

这种能力建立在爸爸人格稳定健康的基础上。如果爸爸的人格不稳定，心理不成熟，会直接影响他和女儿亲密的能力。

糟糕的父女关系，往往有两个极端：过度浓烈和过度回避。

（1）过度浓烈

有的女儿，已经读高中了依然坐在爸爸腿上，让爸爸一口一口喂饭吃；有的爸爸在成年的女儿面前换衣服也不避嫌。

这都属于父女关系过于浓烈的极端表现。不管女儿年龄多大，这些绝不是父爱的表达。

温尼科特表达过类似观点：

一个足够好的父亲，是有能力按照女儿的需要去满足女儿的。既能用男性力量吸引女儿，又不至于产生太多超过女儿处理能力的感受。

也就是说，保持适度的距离。

（2）过度回避

除了不过度亲密，还要有一种能力：爸爸不防御自己靠近女儿的渴望。

这涉及了另一个极端：过度回避。

这种情况更普遍，特别是我们父母那代人，信息的闭塞和传统的认知，会让父女关系处在高度回避状态。

过度回避，有许多不同程度的表现：

有位爸爸告诉我，他很恐惧和女儿单独在一起，做什么都觉得别扭。不敢看女儿的眼睛，也不知道聊什么。有几次实在忍受不了这种尴尬，就找借口把出差的妻子喊回家。

有的爸爸为避免尴尬，甚至采取了强制行为，让女儿“去女性化”。

例如女儿穿得少，甚至穿件裙子就立马批评，称女孩要注意形象；女儿涂口红就责骂，称女孩不应该只注重外表；等等。

有的爸爸甚至女儿只要提到与异性相关的话题，就忍无可忍。

去年，我在电梯上遇见的一幕，至今难以忘却。

和我一起乘电梯的有一位妈妈，抱着五六个月大的儿子，还有一位戴着眼镜的爸爸，带着他 4 岁左右的女儿。

当关上电梯门后，女孩指着小男婴，边笑边说："爸爸，爸爸你看，小鸡鸡、小鸡鸡。"我顺着女孩手指的方向，看到了小男婴露着的生殖器。

没想到，女孩话音未落，我们便听到"啪"的一声，她的脸顿时红了，鼻血一下流了出来。她呆呆地站着，像被吓到的小兔子。她的爸爸则望着电梯按键，一脸阴暗，好像那巴掌不是自己打的。

我深感痛心。

我清楚，那巴掌不仅扇在女儿脸上，更对她内心造成了创伤，创伤牵扯面很广，比如性、尊严、亲密。

过度浓烈和过度回避的爸爸们，潜意识深处都是一样的：对亲密的恐惧、对性的压抑。只不过，他们采用了两种相反手段而已。

过度浓烈的爸爸属冲动型。他们不容易控制欲望，没有成熟的防御，就会很幼稚地表达渴望。

他们往往有过被分离的创伤体验，需要依靠和母亲过度亲近的行为来表达亲密，以此避免再次遭遇小时候被抛弃的痛苦。

但他们往往和妻子关系疏离，而是通过"占有"女儿来体验存在感。

过度回避的爸爸属压抑型。他们压抑的不仅仅是性创伤，还有被扼杀的欲望，包括亲密、上进、追求、自由等一切冲动与愿望。

于是，他们也很难忍受任何与性、异性、亲密情感相关的话题和生活，怕自己压抑了那么久的潘多拉魔盒，被一下子打开。

就像电梯中的那位父亲一样，女儿一旦展示好奇和探索，立刻就会激发他们内心的羞耻感，压抑便在那一刻爆发。这是活生生的悲剧。

爸爸不会表达亲密对女儿影响重大

那些被爸爸过度浓烈或过度回避的女孩，受到的影响是多方位的。

（1）难以和异性建立稳固的恋爱关系

她们要么容易失去自我。

由于没有得到生命中遇见的第一个异性（爸爸）的欣赏与疼爱，因此她们对温暖和关怀就特别渴望。遇到对她们好一点儿的男性，就认为是世上最爱自己的人。她们会放弃一切追随，这样遇见“渣男”的概率也会大增。

她们要么回避和充满矛盾。

由于很少接触到爸爸，因此男性对她们来说是陌生和恐惧的，靠近意味着伤害。

她们一会儿担心失去自我完全被对方牵着走，一会儿担心被嫌弃和抛弃，于是常常蜻蜓点水，和异性分分合合无法稳定下来。

对方对她们好，她们会认为对方有企图，严重怀疑亲密的真实性，此时就会逃离一个又一个的追求者。而当对方筋疲力尽准备放手时，她们又感到被无情抛弃，为降低焦虑反而回头追求男性。

她们就是这样来来回回反复无常，最终耗尽了彼此的能量，却往往还是无法进入持续的关系。

（2）对表达亲密有羞耻感

所有女孩都要经历一个时期（3～6岁），这个时期是靠近爸爸“排挤”妈妈的阶段。

如果爸爸承载了女儿对爱的需求，建立了健康的亲密感，女儿就能在日后别的关系中有亲密的能力。

如果此时爸爸过度亲密，入侵到与性相关的生活，那么女儿会认为亲密和性是相关的，混淆爱和性的边界。

就像我的一个来访者所说的，“我要的是爸爸的疼爱和慈爱，那种亲人的爱，而不是男人对女人的爱”。

如果此时爸爸过度回避，则会阻碍女儿对亲密的渴望和表达。

比如电梯中的那个小女孩。她指着小男婴时想表达的是：好奇好玩，并渴望和爸爸一起分享这种发现。这就是向爸爸表达亲密。但爸爸听到女儿居然说“小鸡鸡”，以为女儿在表达“性”，就打压女儿。

其实背后是因为爸爸不能接纳自己内心压抑的“对性的好奇和渴望”，并且对这种亲密的分享不太适应。这时，他就会让女儿感受到“表达亲密会受到惩罚”，继而恐惧和羞愧。

（3）对自尊的挫败

这样的女孩会有“不值得”“不被爱”“不能有欲望”“自卑”“不配得到”等与低自尊相关的感受。

很多在别人眼中容貌姣好、身材苗条、工作优越的女孩，内心却有着深深的自卑。她们很可能从没被爸爸欣赏过，有的只是打压和回避。

就像电梯里被爸爸打的女孩，很可能从此关闭情感展示的通道，所有探索与渴望被压抑，因为一旦表达就被认为是愚蠢的、可耻的。

不能展示自己美好、探索、欲望的女孩，会认为自己“毫无吸引力”。

不仅在关系中，在工作学习生活中也都很苍白。她们有人顺从一辈子，有人讨好一辈子，还有人自我嫌弃一辈子。

恰似这样一句伤感的话：“生而为人，我很抱歉。”

建立父女之间的恰当亲密

成熟男性的重要标志，体现在对女儿的恰当亲密中。

什么样的亲密，算是父女之间的恰当亲密呢？

（1）落落大方的表达

当女儿问“爸爸，我可以嫁给你吗”时，你如何回答？

女儿能这般表达，说明你们的关系值得依赖。但凡对此纠结苦恼的爸爸，都需要个人成长，比如“若说不愿意会不会伤害女儿”“若同意是不是很可笑”“批评她还是不理她”等，这些都是你自己的投射。

女儿真正想说的是：“爸爸，你会一直保护我吗？我是值得被欣赏的吗？”而没有任何男女之爱的表达。

所以最佳答案是：“宝贝，我会一直爱你的，但你不能嫁给我，因为我有妈妈”。

记住，真实大方的表达比什么都重要。生活在同一个屋檐下，难免会撞到许多尴尬瞬间，比如撞见女儿换衣服、上厕所，真正的爱会礼貌而尊重，微笑、点头、关门、退出。

若爸爸心有恐惧，则会慌乱、责怪、逃脱，甚至辱骂女儿。

曾经有位女士向我哭诉和爸爸的两次互动：

第一次是在幼儿园，她学着动画片角色的样子去亲爸爸，却被爸爸一个耳光扇蒙了；第二次是读初中的时候，爸爸撞见她换内衣，只见爸爸转身重重把门摔上，至今清晰记得爸爸当时的眼神，充满了厌恶。

（2）爸爸般的亲密行为

比如摸头、亲额头、拥抱、拍肩、玩游戏、骑大马、一起就餐、看节目等。这都是父女之间很好的互动。好爸爸会依据女儿的年龄段调整和满足女儿对爱的需要。

有两种经典的爱的表达，爸爸们可以试试：剪指甲和扎辫子。

女儿很乖地坐在你面前，娇小的身体靠着你，你的大手握着她的小手，全神贯注地捏着女儿指尖，用指甲剪缓慢而坚定地一下、一下，听着指甲蹦出来的清脆声。或者左手捋着女儿的头发，右手拿着梳子缓慢地上下抚顺。

此时，父爱不再是默默付出的沉默背影，不再是大山一般的背景画，更不再是严厉与冷漠的面孔，而化作一缕温柔、一丝温情、一幅温馨的画面。

毕竟，爸爸对女儿的爱，最温柔就是最坚定的，最温情就是最保护的，最欣赏就是最给孩子自信的。

好妈妈只需 60 分，
不是 20 分，更不是 120 分

“应该成为一个好妈妈”本身就是恐惧

如今的妈妈不同于上一代，很多人满足了基本的物质需要，有知识有文化有职业，喜欢内在成长，懂得原生家庭，更喜欢探究亲子关系。

正因如此，产生了许多副作用，最严重的就是时刻提醒自己“应该成为一个好妈妈”。

你可能就是这样一个妈妈。内在成长唤起了你的敏感，时刻关注孩子，关注与他的互动，产生了许多纠结。诸如孩子遇到难题、成绩不理想、有早恋倾向、喜欢拖延、不喜欢吃肉、情绪不对头等等的时候。

时间久了你很困惑，好像怎么都不合适，是让他自由还是约束他，让他独立还是依赖，该这样反馈还是顺其自然，是找老师

还是和孩子商量。

你不知所措，好像真不会当妈了，再次进入一轮严重反思和忏悔中。

其实，**“应该成为一个好妈妈”本身就是恐惧。生怕伤害孩子的背后是觉得自己不好，承受不了不完美，受不了内在声音的评判。**

倘若你经常这样，那就真不会做妈妈了，你正在用标准将自己角色化。此时，你做的事说的话都很做作，看起来不真实，甚至尴尬。

这很像心理咨询，心理咨询师始终在想如何反馈、镜映，如何解释和共情，就不会自然而然地和来访者在一起，此时他只是一部分与来访者在一起，另一部分都用来自我评判了。

处在退行中的来访者和孩子一样，你的任何微妙表情都会被感受到，继而觉得怪怪的。

有句话说得好：大人有没有撒谎，孩子一眼就能看出来。

真实的妈妈需要做真实的自己，而不是应该的妈妈，不是让别人看起来很好的妈妈。

家庭生活中，你要自然让感情流动，因为最终打动人的唯有：真实。

好妈妈只需 60 分

“流动的妈妈”是家庭健康的基石，具有“母性光辉”。

这是我从一个朋友那里学到的。她与妹妹从小就未感受到母性光辉，因为常年生病的妈妈需要照料。她们经常互相扮演妈妈，来照料作为孩子的一方。

长大后姐妹俩聊天，妹妹对姐姐说：“其实我觉得你带给了我妈妈的感觉。”

听完我很心疼。

作为妈妈的你，若能给孩子带来这样的感受，孩子简直太幸福了。

有着“母性光辉”的妈妈，往往具有以下特点：

（1）她很活泼，经常笑

很多来访者从来不记得妈妈笑过，有的只是满面愁容、唉声叹气。

妈妈没有发自内心的欢笑，家庭就是“僵硬”的。

爱笑的妈妈是有活力的，经常来来回回不知疲倦。

孩子会在每个角落发现她的身影，会听到她的笑，孩子也跟着流动起来。

（2）她喜欢管小闲事

“流动的妈妈”都不理性，不管大事小情她都管：边擦地边抱怨地上的香蕉皮，边洗碗边指责浪费，边洗衣服边嫌袜子又臭又脏……

但她很真实。

嘴上不停，活却不少干。嫌孩子弄脏衣服，轻轻给擦掉，然后命令脱下来去洗，又会很温情地给孩子换上干净衣服，最后还说：“再弄脏就不给你洗了！”

这时孩子很开心，像再次战胜了唠叨的妈妈。

孩子的笑，是因为感受到了爱，即便是唠唠叨叨。

此刻，家是流动的。

（3）她喜欢安慰孩子

她会给孩子讲道理、埋怨孩子，也会给孩子切水果、端水，等等。

孩子的哭声让她揪心，但她的安慰总不在点儿上，甚至让孩子更生气，让她走开不要烦。

她就会走开忙自己的事。干活声音很大，但她时不时会找各种理由去看孩子好些没，至于偷偷抹眼泪是绝不让孩子看见的。

此刻，孩子一点儿都不觉得妈妈“拙劣”，相反，他的情绪流动着，妈妈的情绪也流动着。

（4）她是个情绪垃圾站

管闲事的妈妈无处不在，自然成了孩子的垃圾站。特别是青春期的孩子，家庭若不能成为他负面情绪垃圾站，就会出问题。孩子的哭闹、蛮横、无理取闹，似乎都可以用在妈妈身上。

妈妈当然会顶撞、反唇相讥，有时甚至会大吵一场。

但孩子真痛苦时，妈妈一定默不作声，她的本能知道该怎么做。

孩子若受了很大委屈，或被人欺负，妈妈往往就像老母鸡护小鸡一般，谁说也白搭，必须给孩子讨回公道，直到孩子破涕为笑。

（5）有她没感觉，她不在家就慌了

温尼科特说：“好的养育是不留痕迹的。”

那些危险、伤害，那些苦难、贫穷，所有压力因妈妈在而消除，孩子并不知晓。

一天天就这么过着，妈妈继续抱怨，孩子继续烦妈妈，就像情绪流动的小闹市，热闹、生动、真实、自然。

突然妈妈出差半个月，甚至几天，你就会发现这个家不流动了。孩子变得安静、懂事了，好像一下长大了，家里失去了往日的欢笑吵闹，似乎河水停顿了。

因为齿轮没了润滑油，情绪没了垃圾站。

因为没了依赖，才有了懂事、迎合、成熟、乖巧。这才是可怕的。

一直到妈妈归来，家庭再次进入“闹市”状态。

（6）她的行为可预测

爸爸和孩子总会相视一笑，他们知道接下来妈妈会做什么，甚至说什么。果不其然，被说中后爷儿俩哈哈大笑，妈妈还被蒙在鼓里，诧异地看着他们。

行为可预测十分重要，会直接保证孩子内在体验的完整性。

若妈妈温柔一会儿，哭一会儿，又开怀大笑，又突然指责孩子，这样的行为是不可预知的，孩子必须发展出分裂机制应对，否则会陷入淹没体验。

以上给你呈现的就是一个普普通通的妈妈，她就这样毫不掩饰地做着自己，很少去想“这是应该的吗”，就能给孩子带来母性光辉。

虽然争吵摩擦也是常态，但都是“真实之爱”为底色的小插曲，吵吵闹闹的情绪流成生活的日常。

“足够好的妈妈”，标准有点高了，应该是“还过得去的妈妈”。曾奇峰老师曾提过“60 分的妈妈”。**你要做的是 60 分的妈妈，不是 20 分的妈妈，也不是 120 分的妈妈。**

温尼科特说过：“作为一个母亲，她很清楚自己必须保持活力和生机，并且能让孩子们感受和听到她的活力。”“她不需要像列出购物清单那样，让自己提前知道接下来该对孩子做些什么；她天生就有能力在当时立刻感受到孩子需要什么。”

这看似简单直白，却一直难以做到，其中原因值得一再探索。

我有个来访者也是心理治疗师，她儿子就明确说过：“你若想帮我，就不该是个心理学家，应该就是个妈妈，还要站在我这边，才能理解我。”

这孩子一语道破天机，**几乎所有妈妈都是被孩子教会如何做妈妈的，又是如何具有母性光辉的。**

如何做 60 分的妈妈

你会问：“想做这样的妈妈，该怎么办？”

答案是：你的人格。人格底色不需要太理性，不需要过度反思，或者说，过度反思不该用在孩子那里。

一千个妈妈就有一千种人格底色，除原生家庭带来的，除早年你带给孩子的创伤外，你做到以下四点，即可。

第一，探索人格模式。

把自己当孩子，探索自己的人格底色，探索潜意识动机和依恋模式。

你甚至无须改变，只要清楚难以被觉察的主要冲突点即可。就算从未享受过母性光辉的温暖，你也是可以做到的。

第二，有独处的能力。

孩子离开时你依然美丽、发光，而不是茕茕孑立，满心伤感。

“过得去的妈妈”最终会让孩子充满力量地离开你，你就这么自然地做到了。而理性的妈妈，会把孩子框在自己的需求中。

亲密关系让人滋养，但滋养的目的就是自由享受孤独。这也是你对孩子的态度，这不矛盾，孤独不是病，不能面对孤独才是病。

越有能力独处的人，就越有力量在关系中真实做自己。

好的养育，是孩子自然捕捉到你的人格，并把你这个妈妈的形象内化，成为他的一部分。

第三，面对与伴侣的关系。

你与伴侣可以没有爱，但至少可以把伤害降到最低。

不优先解决你俩的矛盾，一切流动都是投射与索取，都会被孩子深深感知到，比起你的人格，孩子最能看到的是你俩的互动。

就像电影《少年的你》，无论是被霸凌者还是霸凌者，真正值得反思的是陈念、小北、魏莱背后的父母们。

你们须直面冲突与恐惧，让这些情绪有个结果，不在于是否离婚，而在于真实面对，并不再给你们带来隐形消耗。

第四，建立支持系统。

做不到独处也无法解决伴侣关系，那就建立自己的支持系统。

主要亲密关系受损，对外就不能只是单一支持，而是组群支持。比如闺密、工作、兴趣、学习、成长小组、个人体验、一段恋情、一份公益、一份兼职等，是它们的组合体。

系统中每个环节你都可以做自己，并且你是被支持的。

唯有此才能慢慢抵御内心的匮乏和爱的缺失，才能不对孩子抓取，才能和“过得去的妈妈”靠拢。

最后，你若还是无法释怀，还是做不到，说明当下就是如此，人生不同阶段都不一样，做当下的你就好。

父母越有趣，孩子越轻松自律

很多父母，对孩子指责、埋怨、威胁、挑剔一直不断，变着花样轮番上演。孩子的表情很复杂：害怕紧张、委屈无奈、惊讶木然，就是没有笑容，似乎被窒息感包围着。

父母这样做不是不爱孩子，这背后有深层的原因，在此不做展开。我想重点分析的是这种现象：**许多父母，都会觉得孩子（特别是儿子）都应该用严肃的态度、严格的要求、直接的指令去对待。**好像一放松，孩子就会变得依赖又软弱。

父母越是这样想，就越容易发现孩子的"无能"。比如叠衣服也叠不好，做事拖拖拉拉，注意力不集中，等等。

这些无能，都是父母造成的。

其实，父母对儿女具体做了什么，例如偶尔骂一次、偶尔说教一下，都不是问题。那些造成儿女性格、处事习惯的，往往源自父母营造的氛围。

你会发现，在严厉父母带领下的孩子，都容易出现一种恍惚的眼神：我不知道要干什么。

他会不断地看父母的眼色、想预防父母发怒，也因为一直猜不透父母在想什么，所以常常很迟钝。

最近，我陪女儿重温电视剧《家有儿女》，里面的爸爸夏东海温暖、明亮、幽默、充满活力、边笑边说话。他与妻子营造了一种其乐融融的氛围，三个孩子可以在其中各种“作”，看完让人很放松减压，又不缺启发。

好的父母，能给孩子大山般的依靠，特别是在遇到挫折与危险的时候。但这种依靠绝非沉重，而是由无数轻松感累积而成的。

如果没有无数个放松时刻，父母这座山就不再是依靠，而是真成了大山，压得孩子无法呼吸，步履维艰。

因为孩子只有在父母面前感到放松，才能越自由，越专注自己、做自己的事情。否则，他要拿出很多精力应对紧张感，哪里还有心思专注其他事情。

因此，想让孩子不依赖、独立自主，真正要做的不是严厉，而是放松和自在。

让孩子放松的父母，需要具备两种能力：

（1）足够稳定

父母的情绪、行为可预测，是孩子安全感的基石。

之前有个来访者，情绪很失控，又极其警觉。

失控表现在：失声痛哭、大声喊叫、摔门而去，会把抽纸扔得满地都是，还会把书扔到我身上。

警觉表现在：我任何细微的表情她都不满，认为我嫌弃她、耻笑她；我怎么做都不对，什么也不做更不对。

我必须随时警惕，生怕她又失控。

我的感受还原了当年她的感受，但她的感受要强于我百倍，因为她有个喜怒无常的爸爸：

◎ 爸爸会毫无征兆地动手打妈妈。

◎ 送她上学路上，爸爸会扔下她不管。

◎ 心情好就给她买课外书，心情不好就把书撕得粉碎。

……

这样一来，她即便看到爸爸笑也不会觉得安全，听到爸爸的脚步就很紧张，像受惊吓的小兔，对任何变动都敏感和警觉。

直到两年后她才慢慢平复，恰恰是我始终如一的稳定，给了她一个安全的内心空间，让她有了改变。

作为父母，也许你不像她爸爸那样极端。**你可能希望孩子更坚强、更独立，更有担当，想要磨炼孩子的意志、锤炼他的性格，这本没什么错，只是让孩子“吃苦”的方式不对。**

稳定的衡量标准在于：是否在鸡毛蒜皮的事上穷追不舍，情绪波动。如果你一直不稳定，孩子就会如惊弓之鸟，没有精力去发展自己。

（2）足够有趣

父母鲜活、生动、有趣，是让孩子放松下来的最佳法宝。

第一，有趣的父母，要有对生活的乐趣。

我有个朋友喜欢收藏，常带儿子去古玩市场淘宝，每次寻到可心的宝贝，他总是又蹦又跳，儿子也跟着一起欢呼。

有爱好的人很专注，这会带给孩子趣味性。

同时，他也会给自己爱的人，例如孩子，制造乐趣和惊喜。

比如若无其事地拿出个小礼物、故意忘记答应的事再反转、突然带孩子去游乐场、搞个小恶作剧等看似小惊喜却蕴含浓浓的爱。

第二，有趣的父母允许孩子突破规则。

比如孩子弄脏了衣服，父母说："来啊来，再让它脏一点儿。"

这样的反馈，会让孩子不安的心一下放松下来。

如今，方方面面规则太多了。就算很小的违规都对应着惩罚，比如忘记刷牙、忘带校牌等，这会让孩子很焦虑。

允许孩子突破规则，孩子长大后反而会很有规则意识，同时富有创造力。

因为他在外界早已吃了教训，懂得自我负责，并且没有被规则束缚，才有自我发展和创新的精力。

正如温尼科特所言，单纯器械性控制是无用的，恐惧不能激发孩子内心真正的顺从。健康的孩子会证明自己有能力打破这些控制，就像艺术家，为了创造出更新的东西不断地打破已经创造出来的东西。

第三，有趣的父母面对压力时不慌乱。

你面对压力是狂躁的、毫无头绪的，还是乐观的、积极的？

孩子面对压力时，你是支持的、幽默的、开放的，还是比孩子更焦虑？

我儿子自豪的是，有次他考砸了，我还带他下馆子、看电影。他有个同学很羡慕，在他们家若不受惩罚已是万幸，奖励简直是做梦。儿子看到我没责怪他，之后在学习上也比较自律了。

当你在孩子心中是"好玩的""有趣的"时，你们就建立了鲜活的关系，他在你跟前就会很踏实、很放松，甚至你的出现本身

对他来说就有安抚作用。

许多父母会说，“我就是做不到呀，我装都装不来”。那就别装，别演戏，演戏你会更累。

无法把轻松感给孩子的父母，自己独处的时候也会焦虑，内心有很多不满足、冲突。这时，也许先安抚自己比较重要。你得先学会和情绪和平共处。

第一，理解你自己。

给自己独处的机会引发感受，安静下来，聆听大脑所有声音，包括恐惧和焦虑。

其实，很多情绪都是代际传承的。

我有个朋友，他是被父亲从小打到大的。小时候，他为了避免被打，给自己设置了很多条条框框，时刻警醒自己不要不听话、要阳刚一些等。

他现在对儿子很凶，很可能是把儿子投射成了小时候的自己。按照自己内心的标准，无孔不入地要求儿子、锤炼儿子，只为了让儿子不要变成小时候被打的自己，可以避免惩罚罢了。但他的行为，正在让儿子成为早年的自己，只不过没动手，换了一种方式。

所以，如果你总对孩子有种莫名的情绪，哪儿都看不过眼，挑刺比赞美多，那么你也要回过头来看一看：是不是你也有过类似的经历，是不是你也一直在挑刺自己，是不是你也一直和自己发脾气。

然后，允许自己用全新的视角看待孩子，而不是用自己旧的框架去限制他。

同时，也不要苛责自己。这会让你生活得特别纠结，并把纠结带到和你接触的每个人身上。

只有对自己和孩子放宽心，你的情绪才更容易稳定。

第二，找到情绪释放的途径。

如果想给孩子真正意义的放松，父母自己也必须放松，否则都是表演。

父母除了了解自己、看见孩子之外，也要学着释放一些临时的情绪。

最近，几位父母被孩子“折磨”得焦虑无比，问我有什么好办法，我给的第一点就是：释放你的焦虑。比如，你可以打拳、唱歌、倾诉，也可以跑步。

另外，尽量不要在情绪失控的情况下和孩子交流，你也许不知道自己会说出什么伤人的话。

当然，你也不用太过紧张。只要大体上氛围是轻松的，孩子就可以专注地成长，发挥他的潜能，活出他自己的人生。

活出自己，你的育儿会省事很多

上周，一个朋友破天荒地给我打电话，跟我倾诉她育儿的困境——

很多人都说养孩子不能控制，要给自由，怎么我这样做就没用呢？

孩子要钢琴，我给她买了钢琴，还请了老师，她倒好，一个月就给我罢工了。我气得要命。

各种育儿理论都说，不能逼迫，也不能控制，这样孩子才能有自主性，生活得比较积极向上、富有热情。但她现在已经活生生变成一个“小霸王”了。

想要什么就要立马要，即便是该做的事情，不想做就是不做。

我快崩溃了。

朋友的问题，恐怕是很多父母共同的痛。

层出不穷的专家建议、育儿锦囊，铺天盖地的育儿课程，父母们学习的认真程度可以媲美高考。

我们这一代人，很多人的童年并不幸福，在被控制、被忽视、被贬低的环境中长大。成为父母后，希望给孩子一个有爱、宽松、自由的环境，但越来越多的人发现：学得越多，却越迷茫。**他们不想控制孩子，最后却让孩子和自己都失控了。**

越来越迷茫的父母

我有个同学是标准的心理学爱好者，育儿的文章、书籍看了很多，亲子课不管多忙都会参加。在家全职照顾一儿一女，老公做进出口贸易，家境殷实。

可是好长一段时间以来，她要么烦躁、要么抑郁，总觉得自己没把孩子带好。

大宝近期“问题”很多，学习主动性不高，叛逆、拖延，她认为这样下去不行，但管教他的话，又觉得在控制他，左右为难。

面对小宝、大宝的冲突，她更是束手无策，不知道是顺着小宝，还是维护大宝。批评哪一个都觉得是对另一方的不公平，对此她一筹莫展。

她时常因为这些而自责，严重时还会扇自己耳光，简直快崩溃了。

越学习，越反省，越焦虑，似乎只有给她一个标准方案，她才知道该怎么做。

这让我想起了几年前参加的一次教育讲座。老师提到过：培养孩子创造力的第一步，是允许孩子自己待一会儿，随便发发呆，玩玩具。

其实本意上，是希望父母放松下来，能给孩子一个空间。但父母们更加紧张了：

◎ 待一会儿是待多久？

◎ 万一孩子胡思乱想怎么办？

◎ 那么接下来该怎么办？

……

似乎需要一个准确的发呆时间、确定的发呆思路，以及一整套流程，才可以顺利地培养孩子的创造力。

如果你也这样认为，那我只能告诉你：不好意思，没有一套标准化的流程能帮你养出一个好孩子。因为客观上，**只有健康的育儿理念，没有标准的育儿方式。**

每个孩子和情景千差万别，没有一个标准化的操作，可以让父母按部就班地培养出好的孩子。

而主观上，如果你学了很多育儿知识后反而陷入混乱，手足无措，那么，也许问题出在你的身上。

在育儿这件事上，可能你给自己加了太多戏。

父母迷茫，因为戏太多

父母的手足无措，可能源自这两个原因。

（1）过度自恋

有的父母会认为孩子出现的所有问题，都是自己的一言一行造成的。也就是说，无论孩子出现好的还是坏的事情，都认为是自己导致的。其实这就是过度自恋。

有些育儿文章会强调，某些行为会伤害到孩子，比如长期强烈的家暴、指责、忽视。前提是“长期”和“强烈”，但这些前提常常被忽视。

很多父母只要看到这样的文章，就会下意识地反省自己，并且陷入过度的自责。吼孩子一句、责骂一次、拍打一下，都会后悔不已。我曾见过有位妈妈，打了孩子一巴掌，然后把自己的手腕割得鲜血直流，打 120 去了医院。

为什么会出现这样的情况呢？究其原因，主要体现在两方面。

一方面，你认为孩子的问题都是自己导致的，不配当好父母；另一方面，你也会过度承担本该属于孩子自己的情绪，比如由于学业退步、和同学吵架所引发的一些小情绪。

这既高估了自己，又低估了孩子，而且还会加重孩子的内疚感，让他们觉得情绪不仅仅是自己的，还关系到父母。这更促使他们不敢表达真实的自己。

（2）过度代入

父母经常把自己的感受加在孩子身上。

“你妈觉得你冷”，就是一个经典的例子。

我朋友的迷茫，也是源自此。

由于从小被严格束缚，所以她常常时刻提醒自己，千万别让孩子像自己一样受苦了。于是孩子想怎么做她都支持，要什么她都给，奶奶一管教她就马上站在孩子这边，一起抵抗管教。

但她给孩子的自由中，隐藏着控制和期望。

她这样做，不过是为了补偿自己早年的缺失。

她把自己的感受代入了孩子的人生，一定程度上剥夺了孩子的其他需求，比如学习规则、履行承诺等。这成了另外一种控制。

她的孩子也一定可以察觉到：妈妈在努力抵抗内心的焦虑，压抑抱怨的念头，只为了给自己不同的人生，期望自己活出她从未拥有过的热情和向上。

于是妈妈的这份期待，变得太过沉重。孩子承受不住，为了挣脱这份沉重的压力，索性放纵自己，变得越来越叛逆。

无论是过度自恋还是过度代入，都是父母一厢情愿地给自己“加戏”。

本意是好的，结果却常常背离，这就导致了很多父母的迷茫。

走出“剧情”，才能看到真实的孩子

在教育孩子这件事情上，正确的，不如理解的。**与其追求正确的方式去育儿，不如用理解的方式去看见孩子。**

说到底，大多数育儿的迷茫，也许只是因为太过陷入自己的“剧情”里，却看不见眼前这个活生生的小朋友。

因为看不见，所以过分自责；因为看不见，也压抑了孩子。

电视剧《没关系，是爱情啊》中，讲了精神科的很多故事。

其中有个18岁左右的男孩，酷爱画女性的性器官，不让画就会偷东西、逃学。妈妈很是担心，觉得很不正常，所以把他送进了精神科。

但这个孩子该吃药吃药，该睡觉睡觉，该画性器官还是继续画性器官，治疗一直没有进展。妈妈每天都非常焦虑，不知道儿子为什么变成这样。

主治医生也很苦恼，于是她把男孩的信息模糊化处理之后，把这件事情告诉了一位洞察力强的作家朋友，试图碰撞出新的治疗思路。

作家听完后一脸疑惑，反问：画性器官有问题吗？你看过安昌模画家的画吗？性器官画得非常详细精确，让人一看心底就有很深的触动。

这一下子点醒了医生：对呀，他并没有做伤害人的坏事，只是画了自己想画的东西罢了。

于是医生松了一口气，跑去和男孩聊天，夸他画得很好看。

当被接纳之后，他才慢慢吐露心声：小时候，他曾经在隔壁房间听到妈妈和情人在一起。他害怕妈妈抛弃自己，所以无意识中需要画性器官来发泄不安。而妈妈觉得他不正常，也在潜意识中增加了他的不安，促使他更高频率地画画。

医生把这些都告诉了妈妈，妈妈知道之后很内疚，却也放下了之前的担忧。她放弃了自己的“剧情”，不再把画性器官当作不正常的行为，也决定按照孩子能接受的方式，给足他安全感，辅助他治疗。

之后，儿子不再需要负担妈妈的焦虑，有了更多的安全感和力量，最终靠着自己的意志力，画出了第一幅不是性器官的画。

当父母看见孩子的那一瞬间，疗愈悄然发生。

如何养出更好的孩子

那么，如何走出剧情，养出更好的孩子？我认为，做好两件事情就好。

（1）放下自己的“剧情”，倾听孩子真实的声音

这绝对不简单。需要忍住很多习惯。忍住打断、忍住批判、忍住给建议。这样孩子才能放松下来，给你真实的反馈，让你打破之前的剧情。

此时你才可以看到：

◎ 你过度担心的事情并没有发生。

◎ 你过度自责的行为孩子已经忘了，而你这些过度的情绪、干预和补偿，才是真正困扰孩子的。

◎ 比起一味在自己的剧情里猜测和自责，收到真实的反馈再合理面对问题，才是明智之举。

（2）活出更好的自己

自体心理学创始人科胡特曾说过：**父母亲是什么人，比他们做什么更重要。**

父母亲的人格基本健康，如发生单个创伤性事件，不至于对孩子的核心人格产生太大的影响。

这里我再补充一点：**用人格和态度影响孩子，远胜于纠结一言一行的教育。如果希望孩子向上、对生活有热情，那么请你先活出自己生活的热情。**

让你的态度形成某种氛围，让孩子体验某种向上的东西，继而内化成为他自己的品质。

当你的精神氛围被孩子感受到，具体方法就变得不重要了。

电影《飞驰人生》中，赛车手张驰在被禁赛五年的巨大挫折中并没有消沉。他无数次拿生活物品模拟赛车，玩具、塑料桶、扫帚、脸盆，信手拈来当作方向盘，沉迷于其中。

解禁之后，又带儿子去偷车架、维护儿子自己却被打、不得

不舍弃面子求人赞助等。

看起来这样的方式愚蠢软弱，实则不然，因为底色是积极的、乐观的、勇敢的。

这也形成了他们家的氛围和底色。

因此，跳出剧情，**接纳真实的孩子，活出更好的自己，你的育儿会省事很多。**

PART 3

通过成长，接纳自己

开篇　自我接纳第一步：放下评判

我们内在对自己评判的声音，会活生生把人困住，让人只能这样不能那样，让人活得很不爽。自我接纳的过程，就是从一只傻猴子到齐天大圣再到斗战胜佛，也叫个人成长。

前几日，看望亲戚回家的路上，我和女儿都有些无聊，我说要不咱们去公园？

“好啊！好啊！”女儿立刻欢呼雀跃，接着黯淡道，“我还有一堆作业呢。”是呀，我又何尝不是呢？我还要赶稿子。

沉默片刻，我突然打了一把方向盘把车朝公园开去。新型冠状病毒肺炎疫情刚缓解，公园里的人密密麻麻，女儿看到后露出了失望的表情。我说：“走，爬山去！”女儿双手拍得啪啪响，跳了起来。

驱车半个钟头就到了，天格外蓝，沿四平八稳的水泥路走了十几分钟，前面已没有水泥路，进山的“路”成了全是土块石头杂草的那种。

“老爸，要不咱回去吧？”女儿很沮丧。

“不！我们继续爬山！”我回答得斩钉截铁。

于是，我们开始了“探险之旅”。

整个“探险”过程中，女儿各种担心，好奇又兴奋。我们发现了许多野花、野果、不知名的小虫子、鲜艳的大蜘蛛，还发现了一间被遗弃很久的石屋和一个蛮深的洞穴。

收集了各种野菜、蜗牛壳、美丽的羽毛、色彩斑斓的小石头，并在青石板上画下了我们的名字。我们大声喊叫，陶醉在山谷悠长的回音中，望着山下贝壳似的房屋，痛快极了。

更可喜的是偶遇大片大片的油菜花，真是别有洞天，美不胜收！

很快，我俩都变成了“土人”，我的衣服划破了，手也被荆棘刺出了血，女儿右脚的鞋子也开了口。回家后，我们顾不上吃饭，争相展示着收集成果，并种上了一棵小松树……

女儿累得没一会儿就睡着了，梦里还在咯咯笑，我却睡不着。

我在想，整个过程中但凡有任何一点儿犹豫，我们都会失望地回到家里，写作业、赶稿子。比如没必要去公园，因为公园人很多；没水泥路了就应该返回；手划破了就该折返；天快黑了就没必要爬到山顶；等等。

是什么让我们没有放弃？是突破了心中的条条框框，是遵循了内心渴望，是没有被限定住！

那么，这些规则、这些“应该”“不应该”究竟是什么呢？是评判，是我们内在对自己评判的声音。

这些评判的声音会活生生把人困住，让人只能这样不能那样，让人活得很不爽。

经常自我评判的人，往往有以下表现：

（1）犹豫不决

具体表现为：拿不定主意，很难做出决断，不能承受决定背后的风险。

在人生大事上会犹豫不决，比如考试、择校、工作方向、选择伴侣，是否生二胎、买房子、辞职、离婚等。在小事上也会如此，比如周末是否睡懒觉、晚饭吃什么、去哪里旅行、该不该批评孩子等。

（2）拖延

拖延是犹豫不决的结果。

具体表现为：各种找借口、合理化；能忍则忍，能拖就拖；实在熬不过去就挪一点点，说服暂时的不爽，然后回来继续拖延。

（3）强迫性完美

具体表现为：各种预防、准备、计划，各种思维缜密，各种自我挑剔，各种防患于未然。

凡事要有百分百把握，否则会焦虑不安。进展中出现一点儿失误或被打扰，就灰心丧气、勃然大怒，好久才恢复元气。

（4）浮于表面

具体表现为：总不能持久和深入，总在表面上、形式上你好我好大家好，不敢面对冲突和争执。一深入就会本能地、不动声色地逃开，难以建立亲密关系。

（5）潜意识的“被动攻击”

◎ 会“诱导评判”：“觉得我这人咋样啊？”“你对我的印象打多少分？”“这事儿你还满意吗？”“和我共事你有压力吗？”诸如此类，每个诱导背后，都是难以承受的自我评判，只不过让别人替自己评判。

◎ 会“夸大评判”：对方认为你这话有点儿片面，你就整个人都不好了，认为他是刻意针对你，认为你什么都做不成。

◎ 会“筛选评判”：总是记得别人说你哪儿不好，却不记得别人对你的称赞与认可。

这些都属于“被动攻击”，用投射的方式，借别人的手贬低自己。

自我评判让你体验各种不好，它的背后是恐惧。那么，你到底在怕什么，你的心理机制又是什么？

（1）恐惧惩罚

比如，女儿弄脏衣服怕妈妈批评，我交不了稿怕被认定不讲信用。

惩罚是因为“你不好”，而“你不好”就会被惩罚，这是相互滋长的恶性动力，反复轮回。

（2）恐惧失控

存在感是建立在掌控感之上的，如果没有一点儿掌控感，就是死一般的体验。

“突破规则”“强迫性完美”，本质上是重新夺回掌控感和自主权，而不被他人、外界主宰。

有多少评判就有多少突破评判的渴望，与此同时，会发展出诸多模式，来抵消突破过程的害怕。

而“自我恶性评判”是全面失控的开始。比如“我是个垃圾，我一无是处，我烂泥糊不上墙，还有什么价值，还配存在吗？”“我已不再对掌控感抱任何希望，我听天由命、随波逐流、任人宰割，我全面失控，坠入无底的深渊。”

（3）恐惧被利用——我只有“不好”，才是最大的反抗

这是潜意识里的发生，因为意识上没人不愿意自己好。

你病了，就会被照顾、被关注，就会逃离一些责任，这些责任可能是别人的需要，比如需要你考“双一流”大学、需要你光宗耀祖、需要你不断优秀。那么，你为了重获掌控权，必须不考上名牌大学、必须不光宗耀祖、必须颓废和不成功。

若直接反抗无果，你的潜意识会“曲线救国”，比如骨折、厌食、抑郁等，这样你就可以光明正大地反抗了。

“我好了，你就得逞了，我干吗要好起来？”此时的自我评判就是武器，是获益的、有好处的，代价是牺牲一部分社会功能，比如不去学习、不去赚钱，甚至牺牲全部，比如精神分裂。

以上三点就是自我评判的内在动力：恐惧惩罚、恐惧失控、恐惧被利用。其根源再简单不过了：你曾经无数次地“被使用”，且被认为“不太好用”，或者“只有那样做，才会有点儿用”，比如只有努力学习才有用，只有考上“双一流”大学才被爱，只有乖乖听话才被喜欢，等等。

你被物化的部分多了，你变成了某种“功用”满足他人需求，不再是一个完整的人。

别人的评价慢慢变成了你自己的，甚至隔段时间不给自己差评就浑身不得劲儿。你就这样被限定了。

砸碎这些所谓的条条框框，丢掉“我不够好”。

怎么做才能不被限定，才能砸碎心中的规则？

（1）多问问自己“愿意吗”

任何行为举止都问问自己：“这件事我愿意去做吗？”

愿意，就去做；不愿意，就不做。倘若真这么简单，孙悟空就不会被压在五行山下500年了。因为与“我愿意”相对应的是“我应该”。

我愿意爬山，而我应该回工作室赶稿子。女儿愿意探险，而应该乖乖回家写作业。如果没有“应该”，就太爽了。

要知道，每一个“应该”不仅是不情愿的任务，还有“获益”。每一个“应该”的本质都是交换。

写了作业就能避免老师批评，写好了还能有奖励，这代表荣誉，而荣誉就意味着你是有价值的。

赶了稿子就完成了任务，完成了任务就能得到稿费，写好了还有奖金，还有更多读者喜欢，我被鼓励了，也会有成就感。

这就是交换，是满足了我们的另一种需求。当你还要被这个世界认可时，就必然存在“交换”，也就必然存在“应该”。

因此，“我愿意”和“我应该”都是你的需要，而且很多时候它们并不冲突，它们的本质是“自由”与“责任”的关系。

（2）警惕“不应该”

“我应该”是需要，是获益的，但“我不应该”则是自我限定。几乎每一句“我不应该”的背后都是对自己的惩罚。

“我不应该”的反面不是“我应该”，而是“我允许”。

◎ 我不应该打孩子的背后，不是我应该不打孩子，而是我允许自己攻击性的释放。

◎ 我不应该出轨的背后，不是我应该不出轨，而是我允许内心情感的满足。

◎ 我不应该那样说话的背后，不是我应该怎样说，而是我允许自己当时真实情感的流露。

不应该就是不接纳，而这诸多“不应该”你觉得耳熟吗？是否曾被无数次地这样叮嘱、训斥、指责过？这些声音不是你的，还给他们！

你只需要调整途径，不是告诉自己“不应该”。比如：

◎ 攻击性的释放途径，有没有比打孩子更好的？

◎ 情感被满足的途径，有没有比出轨更好的？

◎ 真情流露的途径，有没有比那样说更好的？

我们拒绝被“不应该”限定，也要尽量地降低砸碎规则的副作用。

（3）别什么事都往自己身上揽

自我评判多了就喜欢自我分析和觉察，但有时没那个必要。

3 岁小朋友骂你，你或许觉得蛮好玩，但闺密、伴侣、领导骂你，你会很难过，一定会反击，同时反思。

反击是对的，但别过度反思，别总认为是自己哪儿不好别人才这么对你，别总觉得自己有问题别人才不爱你。你不需要这么自恋。

记住，“你难过”和“你不好”是两个概念。

你很生气很伤心，这是一个事实，而你人不好，则是另一个事实。它们不需要非得有关系。

砸碎心中枷锁，并不是“咔嚓”一声就行，而是需要很长的过程。我陪女儿爬山带给她的体验，需要反复、常态地拥有。

既然早年束缚的形成需要经过多次的、常态的、反复的过程，那么摘掉金箍也同样如此，否则也就没了取经的艰辛，一个筋斗云就办了。

从一只傻猴子到齐天大圣再到斗战胜佛，就是自我接纳的过程，也叫个人成长。

“都怪我不好”：自责是一种能力

为何“都怪我不好”成为口头禅

许多人向我抱怨，不但不能释放负面情绪，还经常会内疚、自责。这种频繁的“自我攻击”让他们苦不堪言——为什么不能把攻击释放出来，为何会朝向自己，简直太愚蠢、太懦弱了。

我总会反问道：“那么，你想把攻击性朝向谁呢？”他们随即陷入沉思，并没一个明确的答案。

很多人总在追求“攻击性向外”，以为只要情绪释放出来就好了，否则会酿成大祸，但凡有一点自我指责就会害怕，担心积压太多把自己击垮。

其实，我们没那么脆弱，比自责更严重的是不接受自责，总会把它上升到压抑的高度。

记住：恰当责备是一种能力，不在于是对他人还是对自己。

我有个来访者，她需要照看两个孩子，一个3岁，一个6岁，老公经常出差，一出差就是十天半个月，根本帮不上什么忙。

有时实在控制不住她会吼孩子，甚至也动过手，之后她陷入深深的自责，“都怪我不好”成了口头禅。

咨询期间，她会详细和我诉说每个过程，比如孩子们是如何惹她生气的，那天发生了什么，她又是如何忍耐的，又是怎么承受不了直到爆发的。

爆发后她总会内疚，然后是彻夜难眠，责怪自己不该对孩子发火。接下来几天她会加倍补偿，对孩子很有耐心。

事实上，每个妈妈都有过像这个来访者这样的经历，总是在对孩子发火后开始谴责自己，然后加倍补偿，然后继续生活。

其实，孩子淘气，特别是自己遇到了烦心事，伴侣又指望不上，情绪难免失控，对孩子发脾气在所难免，自责也在所难免。

所以在那一刻，你只能怪自己，只能愿自己没控制住，给孩子带来了伤害。也只有这样，你才能从巨大的愧疚感中跳出来，继续生活。

恰当自责，是情绪的出口

自责是一种行动，可以缓解内疚、羞耻和焦虑。

正如我的来访者，如果没有自我责备，她就无法原谅自己冲孩子发火，就会一直处在内疚感里。所以，自责成了她保护自己的工具，不至于被更大的情绪淹没。

人被愧疚感折磨的时候，并不在意指责是“对外”还是“对内”，讲究的是经济原则，怎么快怎么方便，就怎么来。

冲孩子发火后，是自责好还是打电话责怪老公好，当然是前者，既迅速又方便，能瞬间缓解内疚和焦虑。

所以刚开始我鼓励她内疚和自责，而不是安慰她："不要自责，这都不是你的错，你也很辛苦啊。"

这些话比起内疚感根本于事无补，还会让她产生"自责是可耻的"想法。

许多人就认为自责是可耻的。

比如自以为是的人：他们从来不认为自己有什么问题，所有问题都是别人的，他们会抱怨各种不公平，会愤愤不平愤世嫉俗，看似正确和清高，其实是一种懦弱，采用的方式是很原始的"投射"和"否认"。

再如夸大型自恋的人：把自己缩小在自己的一亩三分地，拒绝他人的建议，也假装看不到外面的世界。喜欢被无限褒奖和不切实际地吹捧，一点儿微不足道的批评就会崩溃，缺乏客观的态度，不敢暴露自己，一旦暴露情绪立马崩溃，根本没有自责的能力。

之所以说**自责是一种能力，是因为一旦自责就开始向内看，是一种更深层次的自我反思。**

记得一个 7 岁的来访者，摆沙盘时不小心把一个瓷娃娃打碎了。那一刻她吓坏了，一动不动地呆坐着，惊恐地看着我。

我并没有说话，只是微笑地看着这个可爱的小女孩。

过了大概一分钟，我边收碎片边问她刚刚在想什么，只见她长舒了一口气，说了一句话："都怪我不好。"

我没去安慰她，只是把碎片用纸包起来，对她说："好啦，小姑娘，我们继续吧。"之后我们又开始了游戏。

我如此反馈，是要让这个小女孩完成某种体验，尽管我知道这对孩子来说有点儿难以忍受，这种体验就是“因为恐惧而自责”。

她犯了个错误，这个错误会让她觉得要受到某种惩罚，在我没有给她明确答复之前，恐惧感是很强的。为了不那么害怕，小女孩必须学会一项技能来抵御恐惧，那就是“都怪我不好”。

只要情绪有了个出口，情绪的影响立马就会降低。当小女孩开始自责时，她就不那么害怕了。

我的反馈是没有纠缠这件事，而是继续游戏，我用行动向她表明：你是可以犯错的，同时你也是可以自责的。

现实中，孩子自责反思的行为经常会被大人强行中断。

比如孩子打碎了碗，你大喊“没事没事，我们再买新的”，或大吼道“你眼瞎了啊，怎么那么不小心”。

这些回应让孩子来不及体验本该属于他自己的情感，慢慢就会变得不知所措。

从小女孩的表情中可以看出，她在家犯错是没机会体验的，会被大人强行中断，所以才会呆若木鸡。而我的反馈给了她新的体验：原来犯错还可以有这样的经历。

成年人也是如此。

冲孩子发火的妈妈必须经历自责这个过程，是需要用自责来处理“犯错的结果”，而不是一下慌了神。

一个人陷入自责，代表正在完成以下过程：

◎ 我本来可以做得更好。

◎ 我要如何为自己的错误埋单。

◎ 以后我该如何避免类似的错误。

整个过程就是承认错误、承担责任的过程，也是唤醒某种积极生活态度的过程。

接下来，这个人可能会想：我为什么会犯错、我对自己要求是不是太高、我是否有些愤怒和委屈、它们的来源是什么、为什么我会像刚才这样、接下来我该怎么走出困境。

所有自责只要开启就是在思索：如何宽恕自己、原谅自己。

“都怪我不好”意味着“我是可以被原谅的”。

很多时候“不好意思”这句口头禅就代表“我已经原谅了自己”，至于你怎么看那就是你的问题了。

前天，我就连续遭遇了三个“不好意思”。

等红灯被外卖小哥碰了一下，他和我说了“不好意思啊”；走到办公室楼下，被一个玩水枪的孩子喷到了，她妈妈连忙说“真不好意思啊”；在电梯里被人踩了一脚，也收到句“不好意思啊”。

有意思的是，他们并不需要我的“没关系”，而是该干吗干吗。我知道那句自责的“不好意思”一说出来，他们就已经自我原谅，至于我是否接受道歉就是我的问题了。

把自责说出来，往往就意味着你要自我宽恕了。

这是我给你的唯一建议：对待自责，只需要表达出来。

你是如何责怪自己的？这样多久了？每次持续多长时间？什么事会让你自责？你自责的方式是什么（骂自己惩罚自己，还是扇自己耳光）？自责时候都在想些什么？为什么会这样想？自责后你往往会怎么做？

你犯了个错误、觉得自己很糟糕，随即会产生羞耻、内疚、恐惧的感觉，继而自责，甚至自我惩罚，之后把它们统统说出来或写在日记里，如此，这个过程才算完整。

最终的表达，才是某种意义上的攻击性释放。

当一种情绪被语言符号化后就有了意义，情感就可以流动起来，而不是被堵在那里。

自责，一旦被他人感受到就会立马被分担。

你向某人一直说“我错了，都怪我，我真该死”的时候，对方不管是谁都会有意愿接纳你。

面对一个忏悔的人，你也很容易心生悲悯而不是落井下石；相反，遇见一个死不承认错误的人则会报之以愤怒和鄙视。

自责具有普遍感染力，几乎是人类共同的行为，背后大多是愧疚感。所以亲密关系中表达自责更是一种智慧，这会让对方有进一步沟通的意愿，也会拉开情感交流的序幕。

优先自我反省，敢于向对方袒露，这不是软弱，相反，这需要很大勇气。

比如，对孩子说“宝贝，妈妈错了，刚刚不该冲你发火”。再如，对伴侣说“老公，那件事是我不对，我感到有些后悔”。

遗憾的是，我们总觉得是对方的错误，很少去看自己做了什么才会让对方有那样的反应。

这其实是一种僵硬的思维习惯。

“核心价值被摧毁”与“核心痛点被暴露”

有一位妈妈向我抱怨——

我的精力都在即将高考的儿子身上，准备一日三餐、陪读陪课、提供好的复习环境等，这三年都如此，工作也早辞了。

最近，乖巧懂事的儿子却冲我发火了，起因是一件小事：有天早上我见他很辛苦没及时叫醒他，耽误了复习。

孩子像变了一个人，冲我狂吼，他否定了我的所有付出，认为我只能拖后腿，并且拿其他孩子的妈妈和我对比，把我贬得一文不值。

我大哭了一场，不吃不喝躺在床上，感觉所有人都在耻笑我，甚至觉得自己活着就是在浪费空气，一点儿意思也没有。

这位妈妈陈述的时候面无表情，眼睛盯着地面一动不动。

当然，这个例子背后有许多故事。不过从表面看，这位妈妈的痛苦来自孩子的全盘否定，重点在于把“自己的价值”贬得一文不值。

她正在遭遇一种寒心的痛苦：核心价值被否定之后的抑郁状态。

核心价值：活着的奔头

那么，核心价值究竟是什么呢？

我的理解是：一个人为自己的存在方式赋予了某种意义，这种意义就是信念，引领他不断向前并为之努力，有时伤神却享受其中。

通俗地讲，就是“活着的奔头”。这种“奔头”常被赋予在一个人或一件事情上，于是这个人、这件事就是他的核心价值载体。

核心价值载体在不同阶段会有不同呈现。

比如，对大多数学生而言，“成绩好”就是他们的核心价值载体，这个载体被赋予“我是优秀的”“我是进步的”“我是被肯定的”等好的体验。

若出于某种原因辍学，这个载体就被摧毁了，他们需要建立新的价值载体，比如“小团体”“网络游戏”等，让自己重新体验到“被尊重”“我是优秀的”“我是被肯定的”等感受。

等他们参加了工作，“工作出色”就成了核心价值载体，他们的努力都是在体验同样的“被尊重”“被肯定”“被重视”。

一个人越是标榜的东西，就越有可能是他的核心价值载体。

我有个同学很会赚钱，豪车别墅不在话下，是同学中“混得最好的”，每每聚会聊天都会成为别人羡慕的对象。

总喜欢别人问他“最近怎么样”“工作顺利吗”“又有什么好的项目介绍一下”之类的，就算别人不问，他也总会有意无意地谈及这些话题。

这就是很典型的核心价值被认可的需要。

这是一种合理的需求，很符合人在早年的原始经验：婴儿刚会走路，总要让妈妈看见自己的“才能”；小孩画了幅漂亮的作品，并不仅限于孤芳自赏，更乐意让妈妈看见和肯定。

成年人也是如此，你“淘”了件漂亮裙子，除了享受镜子里的自己外，更愿提高回头率，听到熟人说“这衣服真适合你”“别人穿不出你的效果”“很显气质”之类的话就会更开心。

妈妈们闲聊，最享受的话题往往是：“你家孩子成绩真好”“你又瘦了”。

这都是价值被看见之后的良好感受，会让我们觉得自己值得被关注。

这里有两个共同点：外在事物、被他人认可。

外在事物，就是核心价值的载体，比如讲课、写作、读书、赚钱、权力、地位、名誉、性魅力、身材、相貌等。

被他人认可，就是需要别人的回应来确认我们的“自恋”并不是空穴来风。

核心价值的来源，与核心需求、过往内在经验息息相关。

你从小食物匮乏，家境贫困，父母整天为养家糊口苦恼和争执，而你又认同了辛劳的父母。

那么，你的核心需要就是“脱贫”和“富足”，对金钱和出人头地敏感又渴望。你的核心价值就来自“赚钱的能力”。核心价值载体就是能让你获得金钱的事物，比如创业、工作、炒股等。

你从小常被忽视和冷漠对待，爸妈都指望不上，他们经常看不见你，那么“温暖”和“被理解”就很可能成为你的核心需求。

长大后，你会被他人的关怀吸引，对暖男毫无抵抗力，一旦获得了这样的关系，就会成为你核心价值的载体，过度依赖和信赖对方。

由此可见，否定和摧毁一个人的核心价值是多么可怕。

比如，信赖的暖男突然对你施加暴力或羞辱、赚钱能力被剥夺、本该属于你的职务被他人取代……

比如，那位妈妈被孩子贬低，所有付出化为泡影；我那个同学最后赔得血本无归。

再如，你穿的漂亮裙子被闺密取笑、你家孩子频频被老师点名，或者别人对你说“你咋又胖了”“这件事根本就是无稽之谈”等。

核心价值被否定和摧毁，会让一个人失去信仰，失去活着的意义，很容易陷入虚空、孤独、抑郁。

核心痛点：不配活着的理由

比核心价值被摧毁更让人难以忍受的是：核心痛点被暴露。

如果说核心价值是一个人活着的奔头，那么核心痛点就是一个人不配活着的理由。

与核心价值相反，核心痛点是一个人极力避讳和隐藏的东西。比如：

◎ 想结婚的大龄青年，痛点载体就是婚姻。

◎ 失去双亲的孤儿，痛点载体就是家庭。

◎ 不能生育的男女，痛点载体就是孩子。

◎ 被毁容的人，痛点载体就是相貌。

◎ 无工作啃老的人，痛点载体就是事业。

◎ 被性侵的人，痛点载体就是异性的靠近。

让人难以承受的不是这些痛点载体，而是背后复杂的糟糕情绪。

越是怕被看见的痛点，越是隐藏着难以言说的羞耻和恐惧。

它们被深深地隐藏和回避，在没修通之前，任何暴露都会给我们带来极大刺激和伤害。比如，在不能生育的女士面前秀孩子，在穷困潦倒的人面前秀钞票，在相貌丑陋的人面前照镜子，在大龄未婚青年面前秀恩爱，等等。

痛点是未曾修通的情结，当事人对此怀有很深的恐惧和羞耻，再加上被严重否定，毫不夸张地说，一句话很可能就会让这个人毁灭。

比如，"你就是不会下蛋的母鸡。""没人看上你，你就是个扫帚星。""你这个熊样，注定一事无成。""别指望有人可怜你。""我怎么生了你这么个废物。""你这个没出息的窝囊废。"……

这些话浓缩成一个意思："你怎么不去死？"这是对痛点暴露最大的打击和否定，具有极大的毁灭力。

核心痛点和核心价值紧密相连

很多时候，核心价值是为了转移、缓解、隐藏核心痛点的。

要求完美是为了保护缺陷，照料他人是为了隐藏无依无靠，拼命学习是为了填补内心匮乏，注重物质是因为穷怕了，享受单身是为了隔离亲密，过于坚强是不敢依赖，等等。

很多时候，我们真正在意的不是核心价值被否定，而是害怕没有了“价值”作为保护层，隐藏的痛点就会有暴露的可能。

更可怕的是，暴露之后他人的态度，我们不但接不住，还有被羞辱的可能。

知道了这个原理，我们会更能理解自己，理解关系里的伤害。

为减少这种伤害带来的冲击，我们需要搞清楚以下三点：

第一，价值和痛点的真正内涵。

只有真心认同价值载体只是某种需要，隐藏的痛点也只是某种提示，才不会被它们控制。

它们都是我们的一部分，每个人都一样，没有任何人可以完全摒弃。比如，痛点暴露会有羞耻和恐惧，这是正常情绪反应，没有这些情绪才是非正常的，不必因情绪爆发而自我谴责。

第二，正视和修通。

痛点之所以存在，是因为原来没有合适的“哀悼”。

当觉得自己是丑陋的、有缺陷的、不值得被重视的时候，你需要充分表达这些感受引发的情绪。悲伤、恐惧的表达和排遣，也不是单一的过程，可能需要多次表达，并克服表达时的障碍。

这都属于“哀悼”过程，“哀悼”本身就是成长。

然而，大多数“哀悼”被压制了，情绪不能表达或表达不完整，人就会卡壳，就会一直存在于潜意识之中，影响现在的生活。

关于核心价值真正的感受是内在的，并非来自外界评价。

如果所有价值都需要被看见和肯定，就变成了讨好与索取，并非因为真实的成就感。

第三，否定你核心价值的人，多半是他们的投射。

羡慕和嫉妒的界限并不是很分明，只有你活出了别人活不出的样子，才会吸引他人，也容易被潜意识做比较，从而进行攻击。

所以，当一个人强烈否定或贬低你的时候很可能是投射，是对方把不能接受的自己的那个部分，或者是他一直想要而不可得的部分，投射到了你身上。

你若是被这种攻击命中，并引发自卑和自我否定，就认同了对方的投射。这就是“投射性认同”，你正在承受他的痛点，而不是你的。

◎ 核心价值是你的保护，是你人格的一部分，是面对外界的重要措施，更是内在自我肯定的动力基础。

◎ 核心痛点就是创伤点，也是你人格的一部分，是你和他人关系的障碍，也是你自我整合的起点，需要面对和探索。

那么，**你若想帮助一个人，就要和他的核心价值联盟，一点一点靠近其核心痛点，再慢慢陪伴他哀悼未曾表达的情感。**

适当麻烦别人，是一种协作

我有个朋友，在多年的互动中慢慢疏远了。

现在想来，我们的交往就像某种协议：

◎ 他孩子满月我随了300元，他随后就给我买了套书，定价308元。

◎ 有一次聚会我把他送回家，下车后他从车窗外递给我20元，说是车费。

◎ 有一次他住院，我们买了水果去看他。出院后第二天，他请我们吃火锅表达谢意。

这样的事情发生过很多次。渐渐地，我害怕与他交往了，我不联系他，他也从来没联系过我。

多年前，有一部文艺又暖心的电影《桃姐》。

桃姐伺候了李家60年，病倒后不愿意麻烦李家，拒绝李家的礼物，固执地住进了敬老院，宁愿独守孤老，也不愿浪费李家少爷罗杰的时间。

桃姐先后为李家老少五代人工作，温情与忠心可见一斑，着实打动了观众，可“坚持不麻烦”的举动引发了热议。

最终，尽管李家少爷罗杰和桃姐形同母子，但桃姐不麻烦别人、坚强、独立、固执的性格还是深深印在我心中，至今挥之不去。

怕麻烦别人，是反依赖的表达

曾有一期《奇葩说》的辩题是：“不给别人添麻烦，是否是一种美德？”

苏有朋首先提出概念需要澄清：什么是“别人”，什么又是“麻烦”。

粗略界定，“别人”是为了区别“亲密”的。

亲密关系往往指与家人和特别好的朋友之间的关系。

毕竟我和朋友交往了十几年，罗杰是从小被桃姐养大的，我们是介于“别人”和“亲密”之间的那类。

而“麻烦”的定义十分宽泛，我认为至少主观意愿的举手之劳，就不算是麻烦，比如我顺路送朋友、桃姐被李家人搀扶。

“害怕麻烦别人”之人，哪怕主动为他们做一点小事，也会被拒绝，或者很快他们就会“还人情”。别人对他们好，他们是有压力的。

他们基本不会找人帮忙，别人最好也别找他们帮忙，他们活在人群中，却又像独立在人群外。

他们还极少袒露心声，凡和情感、亲密沾边的总会逃开。即使是和你一起做事情，也会分工明确，AA 制是他们对待关系的态度。

或者没有这么极端，但总体的生活关系中，他们不会有太多情感色彩，喜欢独来独往，不愿意走近别人，也不愿别人靠近，他人的关心与帮助，他们是不需要的。

这其实是一种不那么明显的“回避型人格”。

他们回避的是依恋。

他们是反依赖的，不管依赖别人还是被别人依赖，对他们而言，都是“很麻烦的事”。

与他们打交道，无形中会认同他们的“协议”。“协议”的中心就是我做到我应该做的，你也要做到你应该做的，我们的关系就是责任与义务，别跟我谈感情。

这就是我朋友给我的感受，在他给我费用时，我感到在他眼中自己什么都不是，还不如出租车司机。

不相欠，就不会有依恋。

回避型的人认为，只要有依恋就很容易产生依赖，就会有伤害。

害怕麻烦别人的意思是“我害怕对你有依赖”，这意味着自己是脆弱的、无力的。暴露脆弱感，他们是承受不了的，会让他们有羞耻感。

你为什么那么害怕麻烦别人

羞耻感虽然和外界无关，但最初的建立是通过外部养育方式来决定的。

害怕麻烦别人的人往往经历过这样的早年：

(1) 父母指望不上

当孩子有任何需要时，首先不是自己承担，而是给父母发出信号。如果这种信号父母看不见，他才会由悲伤转向绝望，才会不得不一个人面对，变得乖巧、懂事。

而孩子一旦遭遇爸爸缺位，妈妈很弱，弱到自己没能力让孩子依赖的情况（或许是妈妈本身就有抑郁人格，整天长吁短叹愁眉苦脸，做任何事都无精打采没气力；或许是妈妈常年生病卧床不起），他就不但要面对危险，还要照料妈妈的情绪。这就是过度承担。

如此一来，孩子慢慢会有这样的感受：我的需要是没人可以满足的。于是，孩子变得坚强独立，把情感需求藏起来。

此时若强化了承担，坚强独立就会成为孩子人格的一部分。

所谓的强化就是，当孩子独自面对危险、照顾妈妈时，屡次被褒奖、被赞美，比如“你真懂事”“你好乖”“你这么勇敢，妈妈好爱你”“你如此坚强，全家都喜欢你”，诸如此类。

为了迎合，为了得到更多的“被爱、被褒奖”，孩子一定会慢慢忘记悲伤、委屈、失望，取而代之的是坚强、勇敢的“假自我”。

“假自我”，指的是“被修饰过的自我”。

“假自我”，能够让孩子适应环境，隐藏“真自我”，因为真实的自我是不被接受的。

对于一个指望不上父母、一个避开真实恐惧的孩子来说，坚强独立就是最好的“假自我”。

(2) 父母要强要面子

父母不允许自己软弱，认为别人靠不住，每当孩子软弱就很气愤，经常教导孩子要坚强要独立，社会险恶只能靠自己。

这会让孩子觉得自己的软弱是可耻的。

他长大后会变成不愿意麻烦别人的人，这样就不会暴露自己的软弱，也就不会有羞耻感。

他讨厌麻烦别人，也讨厌被别人麻烦，更不愿去“喂养”任何人。

(3) 父母让孩子一直感到亏欠

不管任何事情，父母都要跟孩子强调是为了他。

这会让孩子觉得，父母所有付出都是牺牲，所有爱都是辛苦，都是为了自己，自己欠父母的要加倍偿还，甚至一辈子都还不清父母的养育之恩。自己之所以存在就是为了还债。

怕麻烦别人的人，也不愿别人麻烦自己

回避型的人最怕别人帮助自己、关心自己，他们潜意识中会认为这是一种手段，最终都需要自己加倍偿还。既然如此，不如拒绝，省得以后给自己惹麻烦。

他们害怕别人麻烦自己，是害怕被人依附，害怕那些人像吸血鬼般以爱的、关心的名义索取。那样的情形简直犹如梦魇湮没了他们的心灵，让他们恐惧至极。

其实，他们怕的不是别人为他们做了什么，而是某种熟悉的感觉，这种感觉带有强烈的侵入性。

拒绝、独立、高冷、界限分明就成了他们保护自身的有力武器。但在内心最深处，他们渴望温暖、渴望亲密、渴望被爱。

他们意识上都懂，害怕麻烦、偿还人情、两不相欠太冰冷，是会影响关系质量的，所以时常会孤独，像一座孤岛，离人群很

远，周围都是海。

卡耐基在《人性的弱点》中说：**“如果想要让交情变得长久，那么你得让别人适当为你做一点小事，这会让别人有存在感和重要感。”**

很认同这句话，当朋友塞给我20元的时候，我很尴尬，觉得自己一点儿都不重要，甚至有点可怜。

害怕麻烦别人的人，需要共情一下别人，因为别人也有需要。接受别人的帮助是一种慷慨，允许别人爱自己是一种慈悲。

话虽如此，但对他们来说，遇见一个像石天冬这样的人，真的很难。

电视剧《都挺好》中，苏明玉冰冷的心终于被石天冬焐热了。

苏明玉有一种执念：在这个家中，没人可依靠，只能靠自己。

坚强的苏明玉就是这样生活的，即便遇见石天冬，在很长一段时间里，她也从来不暴露自己的脆弱，就算内心很想依赖这个男人，但当年的恐惧挥之不去，不敢轻易敞开心扉。

所有交往都算得明明白白：

石天冬以送餐、特供等名义各种关心苏明玉及家人，苏明玉总会用金钱来购买这一切，从不亏欠，每次都会为“麻烦石天冬”埋单。

但石天冬沉得住气，从来不多说、多问，也会坦然接受苏明玉的金钱和拒绝，一天天、一点点地用行动表白“我不怕麻烦，我只想关心你”。

适当麻烦别人，勇敢深入关系

如果你身边有回避型的人，一定要学习石天冬，少用语言、多用行动。

在回避型的人眼里，语言是带有某种暗示的，他们不信任，而会默默记住对方表达关心的行为，即便是表面毫不在意。

若真想帮助他们，要有足够的耐心，别急于求成。回避之所以成为他们性格的一部分，就不可能很快改变，因为回避本身就是他们对自己的一种保护。

要接受他们的边界，并尊重这种界限。

就像石天冬坦然接受苏明玉的报酬一样，因为这就是她的生活方式。

走进一个人，就要先尊重这个人的方式，就算这种方式是冷漠的、不近人情的，但在不知道他内心经历过什么之前，最好别碰。如此，他才会一点点敞开自己，慢慢与你建立信任。

如果你是回避型的人，应该学习苏明玉她爹——苏大强，虽做不到无理取闹般的自私和婴儿式的依赖，但至少要懂得，**依赖本身是合理的，也是某种协作，别总觉得欠谁人情。**

蔡康永说过："从来不麻烦别人不叫人情。人情是你麻烦了人家，然后懂得怎么还人家，那才叫人情。"

罗振宇也说："给别人添麻烦的本质是协作，这很清晰，这也是人类社会发展出来的非常巧妙的一种机制。"

一个适当麻烦别人的人，不是索取和贪婪，而是敢于示弱。

示弱不代表无能，而是勇敢，勇敢地深入关系。

一个愿意让他人麻烦自己的人是豁达的，有一种开放的接纳和包容，这不仅仅是热心，更是高度心智化的表现。

边界感是体验到情感浓度和互动之后的领悟，绝不是理性的隔离。

所以，回避型的人不应该成为孤岛，而要真的接受他人、走进关系，一切并没有内心害怕的那么糟。

你对别人越好，别人为何越敬而远之

“这样的热情，我有点消受不起”

工作室附近开了两家包子铺。

一家明亮整洁，另一家简陋许多，但它们无论馅料还是味道都相差无几。刚开始明亮整洁的那家生意不错，后来大家都跑去了简陋的那家，也包括我。

为什么会这样呢？具体原因听起来有点不可思议：第一家的老板和老板娘对人太好了。

他们老远就冲人打招呼，进门更是热情，常问我要不要辣椒、要不要醋，要不要香菜，要多少，还时不时给你添点汤、加个小菜、送杯豆浆。

有一次，因为包子凉了一点点，他们坚持不收我钱，还会关心我穿那么少冷不冷。

但这样的热情，我的确有点消受不起。

本来简单的一顿早餐，现在搞得我很紧张，吃少了都觉得过意不去。

于是，说来惭愧，我们这群食客，逃开了对我们好的人，去了隔壁那家，因为那家人不热情，要什么就给你什么，不要也不强求，还爱搭不理的。

相比较无微不至的关心，我们更喜欢自由。

这样的现象似乎并不少见。

有个朋友很喜欢工作带来的价值感。

最近总被领导各种关照，经常私下鼓励他，发给他的福利也比别人多一份，甚至连他的生活问题也找人帮忙解决。

朋友心里开始打鼓，工作变得小心翼翼，生怕做得不够好，不像原来那么舒展了。最后，他选择了离开。

有个即将高考的学生也有同感。

新型冠状病毒肺炎疫情期间，只要上网课，家里就听不到一点儿声音。有几次他刻意观察了一下，发现父母、奶奶说话居然耳语，走路也静悄悄的，更不可能看电视。

“一家人和做贼似的，搞得我也小心翼翼，连上厕所都得担心耽误学习。”这个学生说。

烦人的友善

生活中，这些有点儿烦人的友善、关怀可真不少，它们具有以下特点：

（1）让你感受到的是“真对你好”

在你的感受里，他们是发自内心的、本能的、自发的关心。无论表情还是行动，你都很难相信这是虚伪的。

仿佛对他们自身而言，就应该如此，你有任何质疑他们都会反问：“我这么做难道有什么错吗？”

这和**“牺牲型控制”**有着直接区别。

牺牲型对你好目的很明显，就是在赤裸裸地告诉你，为了你他们失去了自我、吃尽了苦头，你是他们唯一的希望，他们需要你报答。

但我们刚刚说的这种好是不求回报的。他们乐衷于此，他们很开心。

（2）他们的好是弥散的

事无巨细，处处关心。

我有个来访者的男友就是如此。

任何事都会提前替她想好并做到，她有任何困难，他都替她一一解决，真是呵护有加。

无论找工作、买房子，还是刮风下雨、小病小灾，“就差给我摘下天上的星星了”，来访者这样形容。

当然，她的男友现在已变成前男友。她的感受跟我逃离包子铺的感受一模一样，尽管她现在依然愧疚不已。

（3）处处传递“你对我很重要”

许多人逛街就怕被问到“您好，有什么需要，我能帮您做些什么”。别人跟在身后端茶倒水、点头微笑，被 VIP 尊享会员般对待，好像不买点儿啥，就对不起那份重视。

于是，我们往往赶紧搪塞一下便走开了。

一般来说，被“好好对待”的人会有以下三种体验：

其一，羞耻感。

我是弱小的、无力的，是需要被照顾的。

这种感受最早出现在婴儿期。

婴儿的确需要照顾，于是妈妈会时刻照料，事无巨细，以孩子为中心。倘若成年人还被如此对待，就是在逼他倒退，像个婴儿一样不得不指望别人来满足，这是很羞耻的。

其二，愧疚感。

人内心深处是渴望被重视的，但无微不至的被重视会带来压力。这种压力是——“我不能不好”“我应该开心”“我必须幸福”，否则就对不住那份重视。

我们会觉得自己一旦不好，就对不起一切。

也就是说，愧疚感带来了压力。

学生的压力一方面来自学习，另一方面来自“我的学习对他们来说太重要了，如果接下来万一考不好，我要怎么去面对”。在双重压力下，更容易分心考砸。

这时候就更愧疚了。

愧疚感很难熬，如果一直伴随愧疚，就会出现两种结果。

首先是逃离。

比如来访者离开男友，比如朋友离开了原先的单位。

另外是把愧疚变成现实。

比如学生真的考砸了，比如朋友真把工作搞砸了，或一直拖延、频频失误。

这是潜意识在向外呼喊：“你看，我就是没你想的那么重要。不要再这样对我了。”希望因此能带来一些轻松。

其三，压迫感。

被太好对待时，属于我们自己的空间就被逐步压缩。

我喜欢边吃早餐边思考，思考对我而言就是某个私密空间，而一句“今天你怎么来得这么早呀”就打破了我的空间，我不得不应对包子铺老板的友善，并想我该如何回应，是微笑还是寒暄。

同理，在孩子专注于自己的世界时，你非要一会儿递牛奶，一会儿递水果，也是一种压迫。这时孩子不得不被打断，给你一些回应，说“谢谢”。

即使他决定不搭理你，也是一种分心：他需要做决定，并且还要承担决定后的内疚。那一刻，他失去了自己当下的体验。

而由于这种“好”发自善意，当事人即使感觉被压迫了，也不好直接拒绝，很别扭。否则就是“不讲情面”“不通情理”。

你为何会过度对别人好

那么，为什么有些人要对别人那么好呢?

因为潜意识有三种需要：

（1）照顾别人的需要

不求任何回报，单纯对别人好本身就是一种需要。它满足的是潜意识的“强大感”“力量感”“存在感”。

“对别人好”是需要力量和能力的，一个重度虚弱、严重挫败的人没办法对别人好。

比如，我的来访者的前男友从各种照料中获得了满足。有人能被自己照顾得很好，肯定有成就感。比如，全家小心翼翼照料高考的孩子，家人们应该也会从中觉得自己很重要。

（2）补偿需要

补偿需要通常表现为补偿对他人的愧疚感。

或许是觉得原来做得不好、伤害过孩子、对伴侣很恶劣、对父母不孝顺等，所以此刻要多照顾才行。

有一种补偿需要不容易被意识到：**对自己的补偿。**

比如你小时候没吃没穿生病没人照顾，现在你对伴侣、对孩子就会加倍关心，表面是照顾他们，其实是把他们代入了童年的自己。

你把被照顾的渴望和缺憾放在别人身上而获得满足。

这样很容易矫枉过正。**你缺爱就会溺爱，你缺食物就会把孩子养成个胖子，你没考上大学就会寄希望于孩子考上大学。**

（3）功利需要

功利需要就是利益交换。

这很正常，但很隐蔽，隐蔽到双方都觉得这份付出是真心的。事实上，你细细觉察，也许不那么纯粹。

◎ 也许你照顾伴侣，不过是希望伴侣感激你，像你爱他一样爱你。

◎ 也许你重视孩子，是希望孩子考个好大学，让你在同事面前更有面子。

当觉察到这些后，原本的单向付出，很可能会变成双向的给予，你也更明白你的需要。你可以更直接地表达，看看对方有什么回应，并进行合理的预期，而不是一边给予一边失望。

当然，你收到的反馈不一定如愿，但是充满真实。

比如我的来访者说："对不起，我对你做不到像你对我这么好。"

如果你也收到这样的反馈，这会倒推着你去想——**那我可不**

可以自己满足自己，我可不可以用别的方式满足自己。

这样一来，你们的关系会更清爽和平等。

怎样才是真正对别人好

那么，对一个人怎样的好，才是真的好？

关系中有这么个地带，它提供了安全的空间，这里有你和他，你们能够在彼此面前做自己，也能互相交织，这个地带就叫**“亲密间隙”，可以简单理解为恰到好处的距离。**

比如，孩子在睡觉，妈妈在看书；再如，孩子在和小朋友玩，两个妈妈在不远处闲聊。此时，妈妈和孩子之间就形成了一种亲密间隙。

孩子睡得心安、玩得开心，就说明妈妈维护了自己和孩子的亲密间隙。

如果孩子玩游戏，妈妈一个劲儿喂他喝水，并各种指点该如何玩，各种叮嘱别弄脏衣服，就破坏了亲密间隙，孩子不得不拿出精力来应对母亲。

前文提到的种种好，其实都是破坏了亲密间隙。占用了对方此时此刻的体验，而且还是以爱的名义，让人欲罢不能。

反之，孩子想喝水却找不到妈妈，被噩梦惊醒却得不到妈妈的安抚。这也是破坏亲密间隙。

在此基础上，我们可以将对一个人好的原则具体化：**当对方有需要并向你表达的时候，你满足对方的需要，才是真的对他好。**

当然，我还要提醒你不要过度。人家的需要是 1，你给了 10，那剩下的 9 就是你的需要，借着满足别人的时候自我满足而已。

比如我需要咸菜，老板看见了，给我端了三份咸菜，还问我够不够。

比如孩子说妈妈我渴了，你给孩子端了一杯水、一杯果汁、一杯牛奶。

在心理咨询中这种现象也很常见，很多咨询师都有“**过度助人情结**”，来访者一哭就递纸巾、一沉默就打破尴尬、一痛苦就问为什么。这都是在破坏亲密间隙。

总之，如果你想要对别人好，需要遵循三步：

◎ 对方有需要。

◎ 对方向你表达。

◎ 你简单直接满足。

别人对你好到让你想逃，或者你对别人好到让对方想逃，都是因为你们的亲密间隙被破坏了。

你认为自己无趣，可我觉得你很有趣

来访者跟我一起探讨过各种各样的问题。除了抑郁、失控外，还有一些问题看似没那么痛苦，却总困扰着一些自律的成功人士，比如，无趣、纠结、过于控制。

有个来访者叫柳叶，因为太自控而陷入焦灼。

36 岁的她是一家合资企业的项目经理，她的部门业绩显著，常被评为先进，柳叶个人也屡获表彰，每次年度大会都是她风采照人的时候。

柳叶的生活也安排得井井有条，瑜伽健身、购物陪孩子、探望朋友等，什么时间做什么事，都尽在她的掌控。

“我甚至决定好了明晚餐桌上出现什么菜。但这一切很无趣很紧张，也很有压力。”柳叶神情黯淡，“我不允许失控，生怕每件事都做不好。”

“那，你觉得怎样才有趣呢？”我不知趣地问。

她想了一下说：“我想要那种鲜活、放松、不需要做计划的生活，我羡慕那种有趣、有意思、好玩的人生。我恰恰是个无趣、不懂变通，有时候连个玩笑都开不起的人。”

那一刻，我大概知道，她代表了这一大类群体：他们看起来细心、谨慎、优秀、稳定，甚至因此被人尊敬和羡慕。

他们的内心却是另一番景象：不放松、乏味无趣，像笼里的鸟儿，一边望着蓝天白云，一边纠结着眼前没有变化的生活。

他们对自己的生活方式并不认可，向往自由洒脱，羡慕那些活得很任性的人。

有一点需要明确的是：他们自以为的无趣，不是外界给他们的定义，而是他们的自我评价。

这些自我评价，让他们难以享受当下，一边批评着自己太紧张，一边却不敢脱离目前的状态。

要是真的给他们放个假，他们反而无法适应，一边放假，一边心系工作。

像柳叶一样的“无趣”群体，在当代社会随处可见。

无趣的人生，是如何产生的

不得不承认，有些人就是很难做到所谓的有趣。旅游、发呆、游戏等休闲娱乐，变成了无用之物。即使他们真的去旅游了，内心也会惦记着工作、家庭、生活，根本难以真正地放松下来。

而这种紧张兮兮的模式，其实从小就形成了。

那个年代，父母忙于生计，为养家打拼，做的都是不得不做的事，他们很少有自己的喜好，有的人也很少有开心的时候。很多人回忆早年，印象中都是父母皱眉的样子。

这些家庭并没有太严重的抛弃和创伤，有的只是点点滴滴的传递：要做对的事情，要做正确的事。

这是他们在那个年代不得不采取的高效策略，只有这样做，他们才能养得起整个家庭，不知不觉中把这样的价值观——要做一个有用、有功能的人，传递给了下一代。

于是，当你也这样做时，你是被鼓励的。

比如你考出好成绩、乖乖按时起床、帮忙做家务的时候，你都会看到父母欣慰的笑，眼神充满温情，还有肯定和欣赏。

而当你做有趣休闲的事情时，你会被打压。

这在我的来访者的故事里，经常听到。

◎ 有的放学没写作业先去喂猫咪，爸爸一脚踢得小猫喵喵叫。

◎ 有的第一次把小人书里的故事读给爸爸听，却被爸爸抢过来撕成了碎片。

◎ 有的出去玩拿了家里钥匙，父母回来没法进门，当她开开心心跑回家时，却被妈妈一巴掌甩在脸上。

……

在父母看来，喂猫、看小人书、出去玩都是不务正业，考出好成绩才是王道，才是正事，才能体现自己的功能。

在这种教育下，孩子们也会慢慢发现：比起做些有趣放松的事情，做“正经事”、做个有功能的人，我们才不会被打被骂被嫌弃，才会被爱。

这时，**无趣有一种明显的好处，那就是不被责难。**

这种好处不断地被强化，甚至变成了这些孩子的成长模式——做个有功能的人，比如要做有用的事、要谨慎少出错，要满足

“成绩好”“听话不惹事”“做家务”等功能。

这会让他们在未来的人生中，很自然地保持一种压力状态，避免出了错被批评、被取笑。

尽管无趣不是我们自己的选择，但我们不得不承认，它有时候是一种很大的困扰。

随着社会文化越来越提倡自由、独立、个性、洒脱、有趣味，无趣似乎成了鄙视链的底端，而我们小时候那个喂猫、读小人书的人格，也开始蠢蠢欲动。

我们开始做出种种反抗：破坏、爽约、违抗、故意迟到、放任孩子、攻击伴侣等。

有的人甚至一股脑放飞自我，开始离婚、辞职、离开体制、荒废自己，折腾到最后，却收获不了内心的爽快感，反而困在各种后果里，无所适从。

更让人痛苦的是：我们对自己过去生活方式的打压。

攻击性转向了自己，对自己的懦弱、胆怯、迎合、乖巧愤怒不已，好像那么多年都白活了。

我们干吗对自己这么苛刻？干吗非要追求成功？干吗在意别人的评价？干吗活得那么无趣、束缚、纠结？

为什么会这样呢？

因为在追求自由有趣的路上，我们跑偏了。

从什么时候开始跑偏的呢？

从想把无趣的“功能型的自我”排挤出去的时候，我们就离真实的自我、真实自我的趣味，越来越远了。

其实，我们只有用整合的眼光，接纳完整的自我，才能真正放松下来，感受到自己的趣味。

无趣的人生，接纳从何说起呢

我觉得，不仅要接纳，更要去感恩这种无趣、这种功能性。

试想 5 岁的你被责令不许看漫画，你若坚持会怎样？轻一点儿会不被认可，严重的会被打被骂被羞辱，在感觉上这些都很糟糕。

你或许会说“那又怎样，大不了忍受打骂，但我做了喜欢的事情呀”，我敢打赌，5 岁的你一定不这么认为。因为那时你需要的不是漫画，而是安全。

安全的基本要素，就是身边这个人至少不伤害你，那一刻安全稳定的需要远远超过自由的需要。

所以，功能型的自我是来保护你的，不是隔离和压抑你的。有了它，你会有以下获益：

第一，安全。

你只需要认真一点儿、负责一点儿、谨慎一点儿、自律一点儿，就不会失控，就没有人打骂你，就不会失业、离婚，就不会失去关系里的位置。

第二，价值。

功能型的你尽管被认为无趣，却很专注，更容易出成绩。

就像你当年考双百一样，在父母老师表扬你、同学羡慕你的时候，你是享受的，那一刻就有种被爱、有价值的感觉。

你一定会说：“我要的不是因为我优秀才被爱，而是爱我本身！”在说这话时，你的潜意识就在否定自己的优秀和努力。

要知道，优秀不是你被爱的唯一原因，而是融合在你整个人的感觉、精神面貌、气质里，和你的其他方面一起被爱。你若觉得优秀只是个附属品，那就太狭隘了。

相反，你的优秀值得你去珍惜，甚至炫耀。因为在其中你成就了自我，获得了更多的关注和尊重，这，就是毋庸置疑的价值感。

只有真正接纳了功能型的、无趣的自我，才会更加灵活。

你需要做的只有两点。

（1）善待功能型的自我

不管你觉得自己是无趣乏味的，是努力优秀的，还是自卑胆小的……这都是你，因为这个“你”，你才走到了探索潜意识的今天。

我的临床咨询经验一再证实：**越是接纳我们嫌弃自己的部分，就越不被这些部分掌控，才越可能平静和放松。**

比如抑郁、恐惧、网瘾、酗酒、拖延，它们也是功能。在你无法面对湮灭般的痛苦时，它们起到了缓解作用，网瘾和酗酒让你在精神崩溃的时候活了下来，拖延和抑郁让你有了休息的空间。

你要做的不是丢弃它们，而是善待它们。

（2）寻找那些被你忽视的乐趣

其实，有趣的成本没有那么高。不需要你离职、离婚，也不需要你在很忙的时候辞职或休假旅游。

你不必听从主流定义的有趣，也别小瞧人追求快乐的能力。

有次我去参加家长会，发现每张课桌都有“雕刻文化”，它们被歪歪扭扭地刻在桌面上、桌洞里，各种搞怪，饶有生趣。

我在想，当年鲁迅先生刻的那个“早”字，除了激励斗志外，一定也很有趣味吧。

孩子们在枯燥和压力中不停地寻找乐子。

你也一样，在乏味的工作生活中，也会创造独属于自己的小乐子，不管它们多么微小，不管外人看来多么木讷和无趣，对你而言，就是有趣的、好玩的。

也许是做饭的时候有了奇思妙想，做了道新菜；也许是加班到夜里一点，完成方案的充实感；也许是读书时，捕捉到了扎心的句子或感悟；也许是刷到好看的视频，默默收藏反复地看……

在看似无趣、荒芜的人生里，只要你细细观察自己，就会发现，你的乐趣可能不那么符合主流，但确实让你很快乐。

当你接纳了这样的自己之后，你将更容易发现自己独自的乐趣，并且挪出原来自我否定消耗的精力，去营造一种更加具有个人趣味的生活。

这也是另一种形式的自由和爽快。

中年叛逆，只为夺回对自己人生的掌控感

过于猛烈的“黑化”，你消化得了吗

一年前紫月找到我时，她正处在是否离婚的冲突中。

她和老公阳子在一次偶然中相遇，当时她就认定，阳子就是她生命中一直等待的那个人。

阳子深深地吸引着紫月。他热情、大胆、无拘无束，好像没什么事能难倒他。

紫月生日那天，他们去了草原，阳子居然真骑着一匹马，手捧一大束玫瑰，迎面而来。

“温情、浪漫、体贴”，这些传说般的感受竟真的存在！

紫月从来没被这样对待过。

童年的记忆中，爸爸总阴沉着脸。小紫月像乖巧的猫咪，警惕着周围，稍有不慎，就会被爸爸责罚，妈妈更是“帮凶”，因为

妈妈最怕的人，也是爸爸。

如今，阳子的自由和温情融化了紫月，让她也变得外向大胆了，不但可以和爸爸争吵，也和领导据理力争。

但这种眩晕般的变化，有时也让紫月很纠结。因为每次反抗后，内心总有种空空的感觉，她既感到自由，又感到陌生和慌乱。

和阳子结婚六年一直相安无事，女儿也已经上了幼儿园，但她的内心一直无法踏实。

“勇于反抗”给了她新的生活，却也让她疲惫和不安。她甚至开始怀疑，阳子在她的人生中，究竟是一个拯救者，还是一个捣乱者。

当时，我看见了紫月的两种感受：一种是外在的兴奋和新鲜，一种是不易察觉的忧伤。

正是这两种感受给她带来了冲突。

说得再深一点儿，她兴奋的原因是：自我的突破和叛逆；而忧伤的原因则复杂一些：过去的束缚和规则的确压抑了她，让她苦闷，但她毕竟是这样长大的，熟悉的镣铐会让她感到安心，在自由的森林里她反而无法适应，兴奋中伴随不安和焦虑。

很多来访者找到我时，恰好处在这个时期。这是个艰难时期，也是个必然经历的冲突时期。

发生冲突的是这两种模式：一种是自我意识觉醒后的新模式，一种是伴随自己多年的旧模式。

旧模式的核心是依附性，也就是**假自我——你无法为自己做主，你也无须为自己负责。**

新模式的核心是主体性，也叫作**真自我——你能够掌控自己，**

但也要为自己负责。

武志红说：依附他人，意味着如果你活得糟糕，你可以把责任推到别人身上，怨恨他们；而为自己负责，意味着如果事情错了，那你也有错。

新旧模式的冲突充满了复杂、强有力的对抗。

这个过程我们叫作“黑化”。

中年“黑化”，是人生的第二次冒险

温尼科特说过：当假自我成长到某个阶段，个体就会变得贫乏……最终，真自我开始冒险涉入，来体验生活。

真自我冒险的过程，就是“黑化”的过程。

那么，是什么导致了人要去冒险呢?

人的一生基本有两次冒险，第一次是在青春期，第二次多数是在中年危机时。

青春期叛逆是孩子为独立打响的第一枪。遗憾的是，那时他们的力量比较弱，所以很可能被学校、父母、社会联合压制了。

等他们到中年了，像紫月一样，**“活下去”的基本需求满足了，“活得更好”的需要便浮出了水面。**

“活得更好”的本质是找到属于自己的位置，并把它活出来，就是我们常说的“活出自我”，也就是我们在此说的“黑化”。

此时“黑化”，除了中年人面临的各种普遍压力外，还有诱因——

比如，亲人朋友的离世、孩子辍学、工作调动、生意破产、投资失败、婚姻变动等重大事件。特别是孩子出问题，会让整个家庭陷入反思。

在经历过现实的各种挣扎后，最终会回到内在反思自我，反思价值感、意义感和“为什么活着”这个终极命题。

当然，更多的是些看似“偶然又普遍”的事件。

比如，像紫月鬼使神差般遇见了阳子，莫名其妙厌倦了工作，感到婚姻越来越乏味，对孩子越来越没耐心，诸多无名怒火。

或者，你只是隐隐约约地有股冲动，想换种活法。

当你的想法越来越多，这些事件又频频发生时，潜意识就在提示你：应该改变了。

有个来访者身患重症，说：“觉得以前我都没为自己活，总在照顾所有人，现在想为自己活一回。”

有个朋友刚辞职，说：“我从来就没有感受过不被人管是什么滋味，所以辞职，想开一家咖啡店。”

还有个同学选择了和伴侣分居：“反正孩子大了，我不想再面对任何评判。”

后来紫月也告诉我：“我从来就不敢抗争，是阳子教会了我，不然我也没办法获得尊重和自由。”

当意识到旧模式变成捆绑的时候，就是新模式启动、寻求真实自我的开始。

但这一路“黑化”不容易，我们很容易一下子到了极端，然后又被打回去。

例如极端地发怒，然后重新被指责和内疚压抑。

即使我们能像紫月一样幸运，有个持续支持我们的人，也很容易陷入迷惑和退缩。

寻找自我是一个漫长的过程，它的开端，往往离不开各种各样的弯路。

“黑化”，从这些弯路开始

那些冒险之人，那些意识到自己的冲动和欲望必须要满足的人，那些想要改变的人，一般在真正找到自我之前，会陷入这几种误区：

（1）自我闭关

自我闭关是指人们会关上心门绝地反思，再也不像原来一样取悦讨好。

他们一般会觉得现在的生活只有痛苦，又不愿向人敞开心扉，于是选择逃避。

逃避的方式很多。现实中很多看似坚强的人，特别是男性，不允许自己表达脆弱，所以常常都在逃。逃进工作、逃进酒精、逃进无休止的应酬，忙得看不到真自我的需要。

虽然隔离了现状，却堆积了很多负面情绪，例如抑郁、无奈、孤独，他们的内在难以真正地成长。

（2）测试关系中的其他人

真自我很聪明，特别是早年被苛刻对待的人，他们即便冒险，也不会一下子表达出来，总会一点点测试。

我有个来访者测试过多段情感。

每一段开始时总是好的，一旦建立比较亲密的关系后就不一样了。比如，她一生气就无法自控地摔家具，希望对方能接纳这个情绪化的真实的自己。但这种极端的方式往往把别人逼退了。

时间久了，她觉得自己很差劲，认为根本没有真正爱她的人。

有一些敏感的人，感到一点点不安就会马上缩回去。比如跟对方提了自己的需求，对方一不小心忘记，就认为对方不接纳自己。

这样的做法都容易产生误会，进而错过了那个愿意接纳自己的人。这也会让真自我一打开，便因为外界的反馈而马上关闭。

（3）激烈地填补自己的需求

特别是在亲密关系中，很容易有这些行为：遇到理想的异性，就会飞蛾扑火。

就像紫月被阳子吸引，吸引她的不是阳子整个人，而是那种自由奔放的个性，那正是她想具有的性格。

于是她盯着这种性格，就决定了要和这个人度过一生。这就是激烈地填补自己的需求的典型表现。

那么，激烈地填补自己的需求还有哪些表现呢？

第一，对温暖过度抓取。

极度渴望被欣赏、被关注、被唯一对待，于是过度地补偿自己。

第二，出现高拯救情结。

对于早年被糟糕对待、如今又陷入困境的人，你会不遗余力地帮他。

这是一种投射，你把自己需要帮助的感觉放在了另一个人身上。于是用拼命帮助他的方式，来填补自己的内心。

这三种弯路常常交织在一起，有时一个人闭关反思，有时一点点测试，有时飞蛾扑火，并不分得如此清晰。

许多人在弯路上遍体鳞伤，甚至彻底绝望，将真实自我继续隐藏，回到旧模式中继续生活。而且有了更充分的理由让自己相信，这个世界不可能有真爱，也不可能有人允许我做自己，都是骗人的。

事实上，这只是个过程。

当你开始“黑化”时，你很容易走上面的弯路，为的是拼命满足自己某种未完成的情结。你只有觉察到自己的情结，才有可能真正地得到疗愈。

真正的“黑化”，需要直面内心

“黑化”是需要容器的。

这个容器可能是一篇启发你的文章、某个人的一句话，更可能是一段关系。

这段关系可能是跟一个朋友或爱人、一个兴趣小组、一名咨询师等展开的。

他们很包容，愿意接纳你的真实需要，理解你背后的渴望。通过和这段关系的互动，你让真实的自己展示出来，并被恰当地对待。

这样才是一个健康的“黑化”过程。

这样的人不是没有，而是你遇见他们的时机不对。当你疯狂走弯路的时候，你更容易把对的人逼走，或者遇见根本不合适的人。

所以，你要先做到一点：向内察觉你的情结。

生活中，有不少这样的例子。

有的人很容易和同学关系紧张，习惯在背后抱怨，等到她思考究竟为什么之后才发现，自己很容易在受委屈之后，不当面说清楚。

因为从小到大，没有人理解她的委屈，只会数落她。

现在偶尔被冒犯了，她不敢去问原因，不敢去和对方说，只能偷偷抱怨，疏离关系。

等她觉察到这一点，鼓起勇气说了自己的委屈，反而得到了道歉和尊重，和同学的关系也变好了。

有的人总是很喜欢摔家具，直到她发现，摔家具只是因为自己需要被拥抱和重视，所以她决定直接说出自己的需求，用语言表达真我。这次，对方给了她一个拥抱，她的真实需求得到了满足。

而紫月，也在这一年里，慢慢察觉到自己内心的变化，没有了离婚的困惑，反而更坦荡地享受自由。

当然，不是每个人都那么幸运。

有的人遇到拒绝就退缩了。有的人遇到拒绝，换新的人、新的温和方式去表达，并得到了接纳。

总而言之，要看到自己，才能表达自己。

只有在表达之后，你才能看到对方没有委屈你，也没有忽视你，相反，他们愿意抱住你。

这才是真正的“黑化”和疗愈。

脑中乍现邪恶念头，可能提示你关系失控

你可能记不得昨夜的梦，但很少会忘记白天的幻想。你很可能有过以下想象：

◎ 买彩票中奖两千万如何开销。

◎ 买了海边别墅如何享受。

◎ 得到梦寐以求的职务后别人的羡慕嫉妒恨。

◎ 考上了“双一流”大学时的样子。

◎ 出色地完成业绩后的表彰大会和领导赞许的目光。

◎ 和心中的女神（男神）漫步海边把酒言欢。

当然还有很多，这些幻想的场景可能偶尔出现，也可能常有，有时转瞬即逝，有时品味良久，甚至不愿从想象中走出来。

等你回到现实往往哑然一笑，无奈地摇摇头，或者自嘲自己的天真，然后该干吗干吗。

以上这些幻想是美好的，有时也会拿出来和亲密之人分享。

有些幻想不仅不能接受，简直无法容忍。这样的念头往往牵扯到大家比较忌讳的三个部分：伤害、死亡、性。

比如你会偶尔冒出这样的念头：

◎ 父母会不会得什么重病？

◎ 孩子在外面会不会有什么意外？

◎ 伴侣会不会出交通事故？

有时则针对自己：

◎ 我若是从楼上跳下去会怎样？

◎ 我开车出事故怎么办？

◎ 歹徒用刀伤害我该如何应对？

更有甚者，把自己变成加害者：

◎ 我若伤害了孩子怎么办？

◎ 我若把伴侣、父母、兄妹杀死了会怎样？

如果这些让你想起了自己的邪恶，或者让你害怕了，可以停下来平息平息。

有的时候，仅仅是很轻的念头都会让你难以承受，比如孩子、父母、伴侣感冒了，你发现自己并不真的关心他们，而是“应该”照料他们，甚至会嫌麻烦，觉得打扰了你。

仅仅如此，你就会为自己的不够真心而懊恼。

有的时候，你会幻想遭遇自然灾害或飞来横祸，比如你乘坐的航班失事、突然地震、楼房倒塌等。

有的时候，你会有各类性幻想，比如幻想和喜欢的明星做爱，这倒不令人难以接受，而你不能容忍的是在你自慰、和伴侣做爱时幻想着其他人。

更让整个人类视为禁忌和原罪的则是“乱伦”，以至于“乱伦幻想”都是不可饶恕的大罪。如果偶尔闪过哪怕一丝这样的念头，性幻想对象居然是父母、兄弟姐妹，甚至是子女的时候，你就会毫无疑问地即刻产生罪恶感。

或许，你从未有过以上任何关于伤害、死亡、性的念头，但我并不认为你没做过类似的梦，或许是已经忘记梦的内容。

极少有人一生完全没有任何类似的念头，哪怕稍纵即逝。

当这样的念头闪过，随之而来的就是巨大的愧疚感，即“羞愧＋内疚”，很深的自责感，以及无法饶恕的罪恶感。

它们就像某种诅咒把你整个人吓坏，你生怕念头会真的实现，那样你就是万劫不复也无法挽回。

所以，你往往在意识到的第一瞬间逃开，简直是落荒而逃，狼狈不堪。

这样依然害怕，你就会自我忏悔、乞求神灵保佑、宽恕。若还是惶恐，你则会自我惩罚，比如扇自己耳光、辱骂自己、自我诋毁。

还有一种转移的方式，类似于占卜，就像硬币的正反面，或猜中某一个结果，或读出吉利的数字，然后你就会认为“避免”了、“扭转”了。于是，你建立起“抵消”的防御机制。

其实，**偶尔乍现的“邪恶念头”并不是你想的那样，它们只是某种提示，且具有积极意义。**

弗洛伊德认为“梦与幻想是愿望的达成”，荣格也认为“它们有某种警示作用”。

我认为二者兼而有之。

有个女性来访者，做过这样一个梦：“歹徒劫持了她和妹妹，但她逃脱了，她看见歹徒拿着没有上膛的手枪朝妹妹开了一枪。”

梦是潜意识的幻想，它要比幻想更容易让人接受。若梦见妈妈死了，你惊吓之余会给妈妈打电话，并不会有很深的自责。

回到我来访者的这个梦，显然被压抑了三重：

◎ 梦本身。

◎ 射击妹妹的是歹徒。

◎ 没有上膛的手枪。

经过分析很容易看出“同胞竞争”的事实，而且在争夺父母之爱的斗争中，我的来访者处于下风。

那么，她原始本能的表达应该是：“我要杀死妹妹。”

“但这怎么可能呢？我怎么那么邪恶呢？”于是她把这个念头编织到梦里，借助他人之手，而且还是一把没有上膛的枪，完成了这个欲望。

她作为梦的“导演”，通过三重伪装的表达，自己的罪恶感就很模糊了，还曲折地满足了“愿望”。

同时，这也是在提示她：需要反思和妹妹的关系了。

这就是所谓的满足和警示。

所以，念头有一种变相满足、提示的作用。

那么，你到底在满足什么呢？

我可以直接回答你：某种掌控感。

那么，到底在提示你什么呢？

我也可以直接回答你：对亲密关系的反思。

所有伤害亲人、伴侣的念头，对他们危险的担忧，性的幻想甚至乱伦欲望，都在说明一点：你们的关系让你产生了某些不舒服的感受，而情感强烈又不能表达，或找不到表达的途径，被压抑了。

这些情感很复杂，每个人都不尽相同，大概分为三种类型：

第一，关系太融合、太纠缠、太近、太消耗了，以至于你不得不强打精神付出，或奋力挣脱控制与束缚。

第二，关系太疏离了，疏离到很少沟通，根本不知道对方在想什么，不知道该如何依赖他们，也不知道如何改善这种局面。

第三，曾有过“丧失”体验，你并没有完全从痛苦中走出来。

比如，**你有伤害孩子或怕他出意外的念头，可能是因为你与孩子的关系浓度太高。**

孩子出问题你会认为自己有责任。你嫌麻烦又受到良心谴责，责备自己是个不够好的妈妈，刻意忽略自己的感受。

你的确很消耗很辛苦，你不是不该如此，而是要看到自己的不如意和需要。你也需要被滋养，对吧？

所以，这个念头满足的是你委屈和消耗的释放，提示你需要和孩子适当分离，不要过于紧密。

同样，这个念头有可能激活了你的某些丧失体验：早年父母忽略你，看不见你的感受，对此你很愤怒和自卑，这些感受并没完全释放，你就会担心孩子也和你早年一样，所以想各种掌控。

我们再来看看其他念头：

◎ 伤害父母或有性的幻想，可能在提示你，他们太控制，或太溺爱你。

这些吞没性体验会让你窒息，所以你想让他们消失，但又担心自己无法承受未知，于是陷入冲突，既想摆脱又想依赖。

◎ 想伤害自己，可能是你内心深处有强烈攻击别人的欲望而不被允许。

◎ 担心伴侣出车祸，除提示曾有过“分离焦虑”“被抛弃”体验之外，也在提示你反思和伴侣的关系是否太过疏远。

那么，为什么非要采用邪恶念头这种方式呢？它又为何会有效？

事实上，邪恶念头类似于某种强迫性思维，通过在脑海中闪回增加“掌控感”，因为有些关系感受简直“太不可控了”。

美国恐怖影片《死神来了》就是描述“掌控”与“失控”的争斗。

影片中，某个主人公会看到不久的将来会发生的惨剧，亲朋好友会以各种诡异的方式相继死去。

回到现实，主人公会用尽一切办法避免惨剧发生，所有方法无不尽其用，以此和死神对抗。

这部电影的象征含义，就是通过和自己的邪恶念头争斗，达到掌控的目的。

心理原理是这样的：**通过想象来制造恐惧，之后消除恐惧，变被动为主动，变不可控为可控，以此达到心安的目的。**

这感觉就像你做了一个噩梦，醒后惊恐之余也有侥幸心理，长舒一口气：原来这是一场梦啊，从而释然。

邪恶念头的心理作用也是如此：

◎ 先创造恐惧：

“我的孩子死了怎么办。”

◎ 再创造主动：

“这可怕的诅咒是我制造的。”

◎ 再消除恐惧：

“我真该死，忏悔、自我安慰、自我惩罚。”

◎ 最终心安：

“原来这都是我自己吓唬自己，真是虚惊一场。”

这种恐惧感本身是曾经熟悉的，包含很复杂的体验，诸如内疚、自我惩罚、补偿等。而整个过程也是你自导自演、自我掌控，道具不是梦，而是念头，最终同样感受到了劫后余生般的体验。

因为，一个人只有先有某种体验，才有可能控制这种体验。

人不可能和看不见的情绪斗争。

如果这种体验曾有过不可控的教训，那么则更易如此，通过邪恶念头进行各种掌控，不至于重蹈覆辙。

比如，“害怕”这种体验。假设你小时候父母常常暴怒争吵，根本无视你的存在，你就会十分害怕。

但那时你必须指望他们，根本无法控制父母是否争吵、何时争吵，你能做的只有承受。长大后你就会想尽一切办法掌控害怕。

◎ 可能会一遍又一遍浮现父母争吵的画面，之后想象该如何应对。

◎ 可能制造与他人的冲突，然后设法逃避或争斗。

◎ 可能浮现邪恶的念头，比如杀死丈夫制造害怕，再战胜这种害怕。

这都是变被动为主动，你的潜意识都在证实：尽管和当年一样可怕，我却不再像当年那样无助、被动、软弱，终于成功了！

所以，你若明白了所有邪恶念头的“反转”和“掌控”作用，就大可放心，不用过于焦虑。

对这些念头，就算做不到欣然接受，也无须打压，至少不会再给自己施加各种罪名。

要知道，只有内心有太多压抑和不允许，才会通过梦境和念头来表达，所以你需要做的，只是通过它们来探索内心、反思关系。

那么，你有过这样的邪恶念头吗？它们是什么？你又有什么感触？

你不必一直取悦对方

康德说过："最可怕的事莫过于一个人必须顺从另一个人的意志。"事实是太多人正在这样做，时间久了几乎被默许，甚至认为这就是自己本来的样子。

一种关系模式的存在，一定有其合理性，一方面人们深陷其中苦恼不已，另一方面又乐此不疲。

之所以如此，是因为取悦别人、讨好别人是有好处的。

在我的朋友和来访者中，就有个很大的群体：取悦迎合型的人。

在关系中，他们太在意对方的看法与评价，太在意自己在别人眼中的样子，从而变得迎合，甚至取悦、讨好，以便让彼此"舒适"。

这是个安全地带，如此才会被称作"好人""善良的人"，才不会被当作"异类"。

“我觉得优秀是个错，我怕被孤立”

有个朋友给我讲过她初中时的一次经历。

当时她学习拔尖，才貌双全，她很享受这样的自己。

一次数学课上，老师叫了五个同学上台演算，其他四个同学都严格按老师教的步骤完成，她则改造了一下，步骤不同，但结果一样，是正确答案。

她遭到了老师无情的嘲讽。老师当着全班同学的面指责她“逞能”“显摆”，并告诫其他人离她远点儿，别被带坏了。

很多同学真的疏远了她，包括玩得最好的同桌。

从此，她没了往日的光彩，变得规规矩矩，按部就班，沉默寡言，成绩也开始下滑。

用她自己的话说：**“我觉得优秀是个错，我不敢努力了，生怕被孤立。”**

这是一个悲哀的故事。数学老师将他自己的压抑投射在了我朋友身上，扼杀的不仅是我朋友的创造力，还有尊严。

那个骄傲鲜活的“生命”没了，取而代之的是一个乖巧平淡的孩子。

至今朋友依然不敢优秀，在关系中处处揣摩、迎合别人，生怕自己哪里错了，不管面对的是爱情还是友情。

这不是成长，而是退缩！**成长不是你长成了一个成年人，而是内心那个无拘无束的孩子真正活过。**

如同心理学家温尼科特描述的那样：“为了存活，人们发展出一个虚假的自己，保护了那个真实的自己。”

你最该满足的是“内在小孩”的需要

这样的人长大后，如果进入一段感情，内心就是冲突的。

一方面过度考虑对方感受，谨小慎微；另一方面又感到恐惧、被束缚，担心自己不够好。

这源自“内在小孩”真实的声音：“我也需要被呵护、被关照、被疼爱”。若想满足，必须先表达恐惧，比如犯错、折腾、哭闹、顽皮，甚至破坏、攻击。只有这些恐惧被允许，渴望才得以表达。

和我“闹腾”了两年多的一个来访者，近期开始表达真实：“我现在才感到那种活生生的体验，这么些年从未有过！”有人说，这太理想化了，连父母都做不到，有谁愿这样对你呢？是的，现实中的两个人往往是多重角色互换，交织存在。他们既是朋友、恋人，又是父母、孩子，甚至是远房亲戚和陌生人。

当一方愤怒或悲伤时，就变成孩子角色，另一方恰当的角色应该是父母，承担起照顾责任。

当一方沉浸在工作或兴趣中时，另一方就不要打扰，最好变成远房亲戚甚至陌生人的角色，给他独处的空间。

有了冲突矛盾，双方就会进入朋友角色，平等沟通商讨。

高品质的关系，都需要灵活地在这些角色中转换。

其中，最被滋养的就是孩子角色，这需要对方忽略你的实际年龄，满足你“内在小孩”的需要。

但常会事与愿违，当你想当个孩子时，对方更像个孩子，于是各种争执、漫骂、厮打开始了。

更有甚者，你的“内在小孩”不被满足，就会无意识地向你的孩子索取，孩子变成了父母，家庭角色严重错位。

在感情中，并非让你完全关注自我，但至少要有做孩子的机会，哪怕频率很低，一年一次。

事实上，若还能在彼此面前口无遮拦、撒野不讲理，正说明关系还是安全的。

否则你的“内在小孩”只能外求，表现形式要么是出轨，要么是过度沉溺于某种事物，要么是离婚、分手。

在关系中，有些人无法真实表达自己“内在小孩”的需要，是因为还没能克服两个障碍。

第一，孤独感。

像我那个朋友，若保持优秀、享受美好，就要忍受被排挤后的孤单。

第二，愧疚感。

心智不够强大的人，很容易混淆“自我”与“自私”的区别，总觉得自己享受了就对不起家人。

比如独自旅行、享受美食、购物，就会想父母没享受过这待遇，于是自责开始，也就不会让自己坦然享受了。

这种体验多了，还会觉得对不起自己。

休息几天、逛逛淘宝、追追剧，就觉得对不起自己的大好年华，好像就此堕落、颓废，浪费了生命一样。

其实，不敢享受、心有愧疚往往是关系中的取悦。

你到底在取悦谁呢？取悦早年习得的那个部分，取悦那时候的父母、取悦成人后的自己、取悦社会规则？

孤独与愧疚，阻碍了你的真实需要，同时也是你成长的方向。

学会享受孤独，与自己相处；学会降低愧疚感。

记住：**最该好好爱护的是你自己，是那个被隐藏的孩子，而不是关系里的他人，那个孩子被满足得越多，你的亲密关系就会越好。**

为什么你害怕自己优秀

分享五个真实故事，都是近期发生的。

A 是大一学生，也是他们村第一个进京之人，今年暑假带着奖学金回家，亲戚邻居蜂拥而至。听到 A 满口普通话，几位大婶半开玩笑地说："咋了，才出门几天就忘本，就不会说咱家乡话啦。"顿时，A 满脸通红，立刻改为方言，心中莫名的内疚。

B 最近刚刚升职没几天，他发现之前几个"老铁"同事不主动找他了，也变得客气了，感觉怪怪的，很别扭。他很困惑，升职后怎么关系就变了呢？困惑之余心生内疚。

C 经过两年内在成长，自由了许多，最近却忘记了妈妈的生日。这在以前可是从未有过啊，妈妈打电话问她为何没回去，C 顿时羞愧难当，并决定买贵重的礼物回家"谢罪"。

D 最近越看老公越不顺眼，觉得老公没长进，甚至贬低老公，结婚那会儿可是视他为偶像啊，一想到这里，D 就掩饰不住地对老公感到内疚。

E读高二，以前爸爸熊他、打他，他都默默承受，可上周六他居然还手了，还一把将爸爸推倒。他夺门而出，跑到后山拼命撕扯头发，最后用烟头在手腕烫了两个疤痕，还踢伤了一只倒霉的流浪猫。

他们到底发生了什么？

不难看出他们的共性：内疚感。

内疚的原因是：他们觉得自己的行为、想法伤害了别人，还是亲密之人，不管是有意或无意。

这里有个重点是："他们觉得自己错了"。

关键在于"觉得"，事实上，"觉得"可能是一种自我评判，就是给自己贴标签，认为自己不好，没顾及他人感受。

从这个角度来看，内疚感之所以出现，是在为自己的"觉得"承担责任。

这很正常，每个健康的人格都会有内疚感，且终生携带。

比如，打了孩子、上班迟到、忘记赴约、父母生病没陪床、答应的事没做到等，你都会内疚：我错了，所以我要承担错误造成的损失。

最常见的方式就是补偿，你会给孩子买礼物、加班加点、给父母买衣服、请对方吃饭等。这些补偿会缓解你的内疚，意思就是："我已经承认错误并弥补，就别再责怪自己了"。

这些都是小事，也是我们一眼就能看到的，是意识层面的内疚感。你也很快就能原谅自己，事情就这么过去了，该干吗干吗。

而开头分享的五个故事，却没这么简单。

因为他们似乎并没有错。

上大学开阔了视野、升了职加了薪、内在成长有了力量都是好事呀，都很优秀，忘记妈妈生日、和爸爸对抗，也只是失误或一时冲动。

那么，他们干吗还内疚？

这是因为潜意识的“背叛”：

◎ 我不是应该继续面朝黄土背朝天地生活吗？

◎ 我不是应该懂事乖巧让妈妈开心吗？

◎ 我不是应该继续和同事们喝酒聊天打牌吗？

◎ 我不是应该继续视老公为偶像吗？

◎ 我不是应该听爸爸的话做个孝顺的好儿子吗？

◎ 我背叛了乡亲、背叛了父母、背叛了同事、背叛了老公。我怎么可以这样呢？他们都还是老样子，我为何要变强、变好、变优秀？我这是怎么了？

你比以前更优秀，你背叛的其实不是他们，而是自己以往的人格模式。

这就是所谓的“活出自我”，这就是“遇见了不一样的自己”。

内疚不背这个锅，因为你没错。相反，你是对的。

从此，你将踏上真正属于你的人生之路，你是鲜活的、充满生命力的，是向上生长的，不用质疑自己。

你只不过背叛了原来那个压抑的、麻木的、恐惧的自我。

以往的你，顺从得窝火、孝顺得木然、乖巧得委屈，你很不开心，却要装作开心的样子。

就像这五个故事里的主人公，他们曾经一直在照顾别人的情绪、顾及别人感受，用一种迎合的姿态，换取无力的稳定与安全。

成长以前，你以为这就是自己想要的人生。

然而，你的迎合与取悦并没换来爱与欣赏，相反，身边的人对你变本加厉。他们根本不重视你的感受，忽略你的存在，并将你的态度视为“忠诚”。

温尼科特说过：“人类不能容忍在他们的早期的爱里存在有以破坏为目的的爱。”意思是说，那些以爱为名义的伤害是不能容忍的，你之所以还能容忍是由于那时你很弱小、很无助、很害怕，不能反抗。

你只不过把那些不能容忍的糟糕感受，比如愤怒、憎恨等，藏起来了。

在我分享的故事中，那个说普通话的大学生 A，亲眼看见父母被邻居欺凌；那个忘记妈妈生日的 C，早年曾被妈妈无情地排斥；那个对抗爸爸的高中生 E，被爸爸责打已成习惯……

难道，那才是他们想要的生活吗？绝不！

他们只是在等待成长的契机，在等待变强大后，实施潜意识的报复。这个过程就是背叛。

有的很直接，比如 E 直接把爸爸推倒。有的很隐晦，比如 C 忘记了妈妈的生日。不过，这些都是攻击性的释放。释放的过程就是背叛的过程。而这恰恰就是成长本身。

这里的攻击性绝不是贬义词，而是内在火辣辣的能量，只有这种能量痛快释放，人才算活出了自己。

温尼科特是这样看待内在成长的：**“精神治疗中，其实真的没有什么新鲜事，能发生的最好的事情就是，那些原本在一个人的**

发展中没被完成的事情，在后来的某一段时间里、在成长和治疗的过程中，在某种程度上被完成了。”

攻击性释放的途径有两种：

第一，建设性的、升华的途径。

比如，工作生活学习中的出类拔萃，就像考取一流大学的 A、升职的 B。

再如，专注于某件事，并上升到一定高度。许多作家、音乐家、画家都是如此，他们把内在攻击能量转化成了艺术创造。

作家路遥，苦楚的童年和原生家庭，压抑了他的攻击性。小说《平凡的世界》的创作，那巨大的能量化作喷涌而出的灵感，跃然纸上。

攻击性理论的奠基者弗洛伊德，在忍受多次手术与纳粹迫害的前提下，终于建设完成精神分析大厦。

这都是升华的、建设性的、对他人和社会有贡献的释放渠道。

内在成长带来的行为都属于这类，譬如反抗精神、自我展示、需求表达、真实情感的袒露。

第二，破坏性的、原始的途径。

具体表现为：对外，比如偷窃、暴力、纵火、欺凌他人、虐待动物等；对内，比如自残、自伤、自杀等。

这样的攻击，虽然能量释放了，却严重侵犯了边界，是需要付出惨痛代价的。

一个内省之人、一个坚持内在成长之人，攻击性释放的结果往往是建设性的，外在表现就是优秀。

再次重申，潜意识会认为这是在背叛过去，因此也必须要面对背叛的副作用——内疚感。

内疚感，依据严重程度分为三个级别：

第一级别是“内疚”。

对应的是补偿，目的是让自己好受点，它对事不对人，你只不过觉得事做得不够恰当而已。

第二级别是“愧疚”。

对应的是自我贬低，它掺杂了羞耻，你不仅觉得事没做好，还会觉得整个人都不好了，故此强烈自责、悔恨、懊恼。

第三级别是“罪疚”。

你不但内疚、羞愧，还觉得自己有罪，甚至不配活着。对应的是必须受到惩罚，这就不仅仅是情绪了，还会见诸行动。比如烫伤自己、虐待小动物，严重的还会自残、自杀，以此赎罪。

必须指出：内在成长获得的内疚往往是第一级别，也有第二级别，极少存在第三级别。

意识层面你要清晰：旧有模式改变带来的优秀其实不需要内疚，相反你应该有某种成就感。

此刻，你可以回答这个哲学问题了：“你是否敢吃掉自己的蛋糕，并拥有它？”

如何才能放下对自己的不满意

你认为自己犯过哪些错

最先浮现在你脑海中的是什么，甚至一闪而过的？

每个人犯过的错都不尽相同，但共同之处在于：它们都让你不舒服，让你悲伤、难过、遗憾，让你害怕、羞耻、愧疚，甚至让你恐慌想逃开。

这些错误可能是某种选择的失败：你本该选 A 结果选了 B。

比如，你本想和 A 结婚，却和 B 结了婚；本想去 A 单位，却去了 B 单位；本想在 A 城市，却来到了 B 城市。

这些错误也可能是伤害，分两种：伤害他人和伤害自己。

选择的失败就是伤害自己的例子，你没满足自己的期待，你没活出自己想要的样子。

伤害他人的例子更多，但凡没满足对方需要的，都有成为伤害的可能。最常见的是对孩子的伤害，比如抛弃孩子、打骂孩子、忽视孩子。

我们给“犯错”下个定义：我们认为做得不够好的任何事，都可能被称作犯错。

你为何觉得做的那些事是错误的

一切的“错误”和“问题”必须有个前提，那就是：“你觉得”“你认为”“你以为”。

这就是你给自己贴标签的无意识行为。

这样的反应太自然、太正常、太普遍了，你都感觉不到它们的发生，对此你深信不疑，认为这天经地义。就像你认为闯红灯是个错误，不走斑马线是个错误一样。

你觉得做的那些事是错误的，因为你认为自己违反了某种规则。

那是你“内心的红绿灯”，红灯停、绿灯行就像芯片植入了你的大脑。

你也知道规则的来源：家庭养育与社会背景。

没错，有人的地方就有关系，有关系就有规则，有规则就有突破规则，有突破规则就有极其复杂的情绪体验。

所以，**一切你认为的错误都是突破了某种规则。**比如：

◎ 规则是爱孩子，打孩子就是犯错。

◎ 规则是一夫一妻制，婚姻以外的爱就是犯错。

◎ 规则是孝顺父母，顶撞父母就是犯错。

◎ 规则是努力上进，颓废懒惰就是犯错。

◎ 规则是情绪稳定，控制不住发火就是犯错。

◎ 规则是勇敢坚强，脆弱和依赖就是犯错。

你也会按“内心的红绿灯”来要求别人。

如果你的规则是优秀，看到不思进取的人就烦，看到孩子拖拖拉拉也烦，看到孩子厌学更烦。

倘若没了规则，似乎就没了错误。

那么，你的规则为什么是优秀、上进、孝顺、勇敢，就不能是普通、慵懒、反抗、柔弱？因为你曾无数次地被这样对待过，比如要优秀、上进、孝顺、勇敢，而不是被那样对待过，比如要普通、慵懒、反抗、柔弱。

优秀、上进、孝顺、勇敢等慢慢变成了你大脑中的芯片，你继续给别人、给孩子植入，同时也在自我强化。

你内心规则的严苛程度，也就是你对自己不满意的程度。

犯错，只是你依据自身规则给的一个名词、一种称谓而已。

犯错，并不能伤害你，伤害你的是对自己的“苛责”、对自己的“不满意”。

有一天我与儿子发生了点儿冲突，结果我发火了，吼了他一通。和大多数父母一样，我开始了反思和愧疚。

看见了吧，**发火并没错，我不允许自己发火才是错。**

但凡与某人有分歧、有冲突，你会有三种选择：

◎ 压抑自己满足他。

◎ 满足自己让他压抑。

◎ 彼此沟通，包括争吵与冷战。

我对儿子做了第三条，通过争吵获胜满足了第二条。

我释放了情绪打压了他，让他变得压抑。那一刻我爽了，稍后就不爽了，因为我受到愧疚感的折磨，我认为自己犯错了，我对自己很不满意，于是就开始解释和道歉等补偿行为。

连我这个心理咨询师都忍不住和孩子发火，你还有什么不允许自己的？

生而为人，你我都有内心的规则，因此犯错就是必然的，你那些不堪回首的犯错经历都很正常。

倘若时光倒流，你依然会犯错，即便你不会那样犯错，也会转移到别的犯错途径上去。

你就是自身难保顾不上孩子，你就是爱上了“渣男/渣女”，你就是入错了行业，你就是没把握住机会。所以，你才有机会改变和成长。

这就是犯错的本质、不满意的本质：给了你逆转的机会。

你会一次次地补偿、拯救、挽回。它们的意义就是逆转过去对自己的不满。

就像你怕黑，潜意识就会制造一次次的黑暗来给你机会，让你心存希望，逆转恐惧。

如何才能放下对自己的不满意

某种情结未完成是不会罢休的，这与年龄无关，为了得到拥抱、温暖与爱，你可能会执着一辈子。

总结如下：

第一，你要探索内心的规则是什么，自我苛责程度如何。

第二，你要知晓改变过程中有大量的副作用。

比如，你补偿孩子会很内耗；你满足自己，会面临被拒绝的危险；你自己爽了，却要面对破坏关系的风险。

第三，“对自己不满意”的好处——给了你改变的希望和契机。

犯错的真正价值在于：面对错误你没有放弃、没有死掉，你直面恐惧、不畏惧挫败，你体验着各种愧疚与羞耻，你经历着种种焦虑，你一次次归来，你没有停止思考，你依然心存希望，你依然在泥泞不堪中抬头，去仰望星空。

而成长就发生在这些错综复杂的情感体验之中，你没被击垮，你存活下来了，改变就发生了。

第四，你不能原谅曾经犯的错，就是处在抑郁状态。

至少你一部分活在过去那个时刻，你深感遗憾，但又深深怀念。你不让自己走出来，是为了保留一部分与那件事中的那个人的关系，就像他从未真的离开。

第五，你不允许现在犯错，往往是处于焦虑状态。

你强迫性完美，要时刻准备战斗，要尽可能让环境安全，要规避一切危险，要忙个不停，以此来回避回到抑郁状态，因为那种感受更可怕，充满了淹没性的孤独与虚空。

接纳自己的不完美，你完全做得到

我们都知道，要接纳自己的不完美，允许自己普通，不要强迫自己优秀、努力，为什么就是做不到呢?

这需要看看我们在被什么引领着。那就是相反的：努力才可以成功、付出才有收获、奋斗才有价值、上进才有机会……至今也如此，人们把它们叫作“正能量”“励志名言”“心灵鸡汤”。

同时，我们也提出了另一套体系——要边界清晰、少照顾他人情绪、多关注自己内心；你不那么努力、不那么优秀也可以被爱；可以表达对父母的恨——总之，你要接纳自己的不完美。

于是，很多人卡住了，纠结了：“我到底该怎么办？”常见的纠结有：

◎ 究竟是给孩子自由还是约束?

◎ 究竟是报答父母还是跟父母划清界限?

◎ 究竟是发奋图强还是及时行乐?

◎ 究竟是先满足自己的需要还是先照顾他人的需要？

那么，究竟如何协调这些弥漫的冲突？

或许没有固定答案，也没有终点，不过至少会让一边冲突一边学习的你，有大致的成长方向。

我们先来看看被称作“鸡汤”的理念牵动了人们哪一根神经。

答案是：所有鸡汤学，都加固了我们的“假自我”。

假自体，与“防御”和“面具”大同小异。

我们对假自我的直观感受就是虚假的、表面的、伪装的、隔离的，好像这个部分本不属于我们，没有办法才拿它当作活下去的工具。

我们忽略了其实它就是我们的一部分，是很真实的。过分在意它的虚假就是偏见。

那么，假自我的真正价值在哪里？

温尼科特的说法是：“假自我的主要功能就是替代了母亲照护的功能。”

换句话说，假自我是我们的另一个“妈妈”。

早年无论哪种糟糕的养育模式，最终都会让我们失去一部分母爱，当然还有父爱、奶奶的爱等。

于是我们发展出了假自我，让它来替代妈妈爱我们。

比如，我学习好、我长得好、我会弹琴、我很乖、我很努力、我随机应变、我聪明等，便出现了这样的基本假设：因为我这样，所以才被爱。

这就是所谓的假自我。

随着慢慢长大，假自我便成了我们为人处世的三观，而且坚定不移地认为，只有这样才是自己。

于是，所有光环与掌声只送给坚强的人、坚持的人、成功的人、优秀的人。这再次强化了假自我，简直牢不可破、坚不可摧。

但我们也要看见，人优秀之余还有个未知的自己，那个未知的自己其实就是“真自我”，被称为“潜意识”“核心自我”“内在小孩”。

当潜意识理论一出山，人们惊奇的同时也产生了恐慌：原来奋斗了大半生的这个自己是个假的，那真实的自己呢？在哪里？我怎么找不到了？

与正能量相反的种种被揪了出来：你对父母是压抑了恨意；那不是满足孩子而是你的投射；你只不过为了被欣赏才喜欢他；你做的这一切只是在寻找拥抱；当过度强调一个事物的反面时，就已经丢失初衷，冲突必然产生。

于是，我们有了如下想法：

◎ 放松下来吧，我受了那么多委屈，就算如今什么也不干整天爱自己都无法弥补曾经的创伤，也弥补不了失去的爱与温暖。

◎ 到现在才知道父母是在剥削我，那我干吗还要和他们融合？不行，我要开始跟他们断裂、分离。

◎ 天哪，我居然一直在控制孩子，我都做了什么！？现在我要好好爱他，不能打不能骂，所有问题都是我的问题，可不能再像我父母那样了。

◎ 什么考研、评职称，统统见鬼去吧！我才不为这些世俗去取悦别人，我就想过舒服的小日子。

◎ 之前所有努力只是为了让父母看到我、关注我，从现在起我要自我接纳，修身养性，谁逼我，我和谁急。

我们从一个极端到了另一极端，从相信假自我无所不能到把假自我贬得一文不值，在寻找“内在小孩”的路上义无反顾。

但是，我们为何一遇到事情还是情绪失控？为何想放松下来可就是不能接受懒散的自己？

再次强调，假自我的本质是：起到照顾自己的作用。

那么，我们应感激它，而不是打压它，错的不是努力、优秀、坚强，而是你从未善待过它们。相反，你一直在利用它们。

许多来访者来找我时正处在“割裂”状态，一方面内在成长让他们学会了分离，另一方面苦苦忍受分离带来的孤寂。因为他们视假自我为敌人，不接受之前的所有努力。

电影《哪吒之魔童降世》中，真正强大的不是杀死灵珠转世的敖丙，也不是灭掉魔丸转世的哪吒，而是让他俩联手、结盟，这个过程就叫“整合”。

这就是我想说的：真正的自我接纳，需要整合真自我和假自我。

通俗点儿说，要做到优秀就是优秀、努力就是努力，而不是为了其他什么目的。比如，是“我优秀了就感觉很好”“我努力了就是有回报”，而不是“我优秀是为了报答”“我努力是为了迎合”。

那么，我们该如何整合，做到自我接纳呢？

我们首先要有个客体。可能是一个人，比如伴侣、老师、领导、咨询师，或是一只猫、一条狗、一门课、一个爱好，或是工作、事业。

然后我们进行以下整合的步骤。

第一步，试探。

比如你在一个人面前表现并看他的态度，比如你菜做咸了看对方的反应，比如你迟到了看领导的脸色。

测试是为了靠近。大多数测试来自无意识行为，并不被我们觉察。很多人第一步就失败了，于是失望、拒绝靠近。

第二步，动静更大的各种“作”。

我不去学校了、我上网成瘾了、我病倒了，你还爱我吗?

许多人在这里收获了真爱，找到了那个对自己不离不弃的人。更多的人在这里彻底绝望，曾经的海誓山盟竟然全是谎言。

绝望的人再也不相信整合，甚至失去了假自我这个“妈妈”，孤零零地找不到任何存在感。

此时不管你变成什么样子，哪怕你在幻想中活着，也是在给自己整合的希望。

第三步，“持久战”。

收获了真爱的人进入“持久战”。只是，任何真爱与谎言都抵不过时光匆匆催人老，至少你还有假自我这个“妈妈”，你还可以努力和优秀。

只要假自我还在，整合的火把就不会熄灭。

第四步，分离。

有幸走到这一步的都是善待、接纳了自己假自我的人，也如愿以偿体验到了真自我暴露之后被善待的整个过程，也就不再纠结优秀不优秀的问题。

此刻才是真正的分离期，之前的分离都叫断裂。

这种分离是建立在拥有了大量“好的”“真的”体验之后的

分离，这种分离没有忧伤和焦虑，只是一种自然发生，姑且称为自由。

就像我经常说的：“一个人，只有真正拥有了某种体验，他才可以与这种体验、连同给予他体验的这个人分离。”

第五步，整合。

从真正分离的那一刻开始，整合便发生了。

整合以后的你，冲突会少很多，而且冲突多是现实冲突，而非内心冲突。

比如，骂孩子一句不会被内疚淹没、离婚不会恐慌、优秀不会挣扎、努力更不会内耗。

你也不再因为“做不到自我接纳”而纠结。

相反，无论做什么、不做什么，都会让你享受。

当我写好遗嘱，突然活明白了

新型冠状病毒肺炎疫情发生前，我就经历了周围人的死亡。

有个亲戚在床上躺了多年，最终没挨过冬天。他的葬礼很隆重，完全按照我们老家的风俗进行。在子女的悲恸中，他走得体面而庄严，这让生死之别变得足够完整。

还有个亲戚却走得很突然，中午她还在做饭，下午就倒在了床上，再也没能起来。我是傍晚赶到的，种种原因她至亲的人没能来，大概有 30 分钟，我独自和她在一起。老太太像是睡着了，我摸了摸她的手，什么都没想，只想在她走后那短短片刻，能有人陪伴。

仅仅过了几周，新型冠状病毒肺炎疫情发生。我又跟大家一起，经历着病毒带来的死亡焦虑。

我知道，每个死亡数字背后都曾是一条鲜活的生命，以及原本完整的家。

倘若平常，将死之人可以选择和这个世界告别的方式，比如倾诉未了心愿，有亲人守护身边，选择继续在医院还是回到故乡，如何安排后事，等等。

临终陪护者也同等重要，他们耗竭的精力、虚弱的体力、悲伤的心情，以及一切的无助、愧疚和委屈，都应该充分表达，让他们内心为亲人死亡做最后准备。

然而，特殊时期的死亡，简化了所有仪式，生者没有足够时间哀悼亡者，也没法充分悲伤。有人甚至都不能见逝者最后一面。

事实上，我们每个活着的人都应该思考死亡，而不是刻意回避。

我确信：思索死亡本身，会让你更重视自己有限的人生。

比如，重视“在一起”

影片《时空恋旅人》结尾，主人公只能很短暂地回到过去，回到和父亲在一起的某个时刻。那时，父亲还没走。

他回去了。一场球赛、一次散步、一个拥抱、一个吻，都那么刻骨铭心，那么恋恋不舍，而在之前漫长的生命中，都因司空见惯而毫不在意。

看完影片已深夜，我去女儿房间习惯性地给她盖被子。女儿出了好多汗，在我用手轻轻擦拭她额头的刹那，突然发现每天和她一起玩耍的我，竟好久没有这么用心地看过她了。

儿子房间的灯依然亮着，透过门缝，望着他复习功课的背影，我的眼泪唰地掉了下来。我突然想到了多年前我从护士手中接过他的那个时刻。

是的，我天天同他们在一起，但我并没有真的和他们在一起。

若现在你正和某个人在一起，请悄悄停下手中的事，用心打量你面前的这个人，你会发现，或许已好久没有这样了。

许多感慨会涌上心头，感受这些感受，这才是真正的“相遇”、真正的“在一起”。

比如，重视分离

太多美好的在一起，最终却草草结束、无疾而终、不了了之，就这么莫名消散在人海，让人唏嘘不已。

我们太不重视分离了，或许因为它过于感伤，让人不能直面。但临终之时，往往都会再次回忆起那些人、那些事。

相聚需要仪式，分离更需要仪式。

特别喜欢电影《非诚勿扰 2》中的两个情节，一个是离婚典礼，一个是提前给自己举办葬礼。

通过诙谐的台词我看到了睿智与深刻，既然结婚需要仪式，为何离婚不需要呢？既然新生需要仪式，为何死亡不需要呢？

我常常想，有朝一日知道了死亡期限，我一定要亲手操办自己的葬礼，邀请想见的人参加，哪怕对方拒绝。我要在活着的时候，看到每一个我爱的人和爱我的人对我最真实的情感。

如果有谁把这当作一个笑话，那就错了，从我们降生那刻起，分离便一次又一次地发生，直至死亡。

诸多创伤，不是因为没能好好在一起，恰恰是由于没能好好别离。

这就是灾难过后创伤持续多年的原因，特别是突然死亡，比如地震、海啸、车祸，还有当下弥漫全球的新型冠状病毒肺炎导致的死亡。

逝者已矣，活着的人若缺失了道别的机会，那些无尽的思念和愧疚会如影随形，应激反应过后，大量哀伤就会浮出水面。

这也正是毕业典礼、葬礼、月台送别的心理含义。

好的分离，是另一种形式的在一起，学会告别，是我们一生的功课。

比如，重视梦想

曾几何时，梦想被无情碾轧在了琐碎里。

"生活不只眼前的苟且，还有诗和远方的田野"，你只能在歌词中抒发惆怅，而环顾当下，最要紧的就是还房贷，还谈什么理想。

有意义的是，当我一次次思考死亡时，物质与金钱都变得一文不值，浮现最多的除了那些在一起的、分离的关系外，就是：我是否过上了想要的生活。

你也可以这样问问自己：

◎ 你对当下的人生，还满意吗？

◎ 你喜欢自己的工作吗，还是不得不喜欢？

◎ 你还记得年少时的梦想吗，还是觉得那只是个讽刺的笑话？

◎ 身边有人让你羡慕吗，觉得自己也会如此吗？还是仅仅是羡慕？或演变成双重攻击的嫉恨？

◎ 你冒险过吗？不管是一场说走就走的旅行，还是一场奋不顾身的爱恋？抑或只能在电影中、在别人的故事里流着泪水？

现在，如果你知道了自己的死亡期限，是否还会一如既往地犹豫不决呢？

你总是觉得生活就应该这样，而不是那样，你总是觉得时间漫长、岁月静好，于是，理想就这样丢失了。

而我想告诉你的是：敢思考死亡，才敢面对内心最真的梦。

况且，梦想与年龄无关。

比如，重视原谅

《相约星期二》是我最喜欢的书籍之一，讲述的是临终的莫里老人和他的学生（作者），相约每周二见面的故事。

在他们相约的第十二个星期二，莫里含着泪说道："临死前要先原谅自己，然后原谅别人。"两周后，他便离开了人世。

如果说世间有最大的牵绊，那就是"无法原谅"。

你无法原谅伤害过你的人，甚至无数次咒骂他，是他带给了你难以磨灭的痛苦，是他让你无法从容面对现在。

你无法原谅的那个人，其实是无法接纳、不能原谅他的那个自己。不是你不能原谅那个人，而是你不能原谅"当时懦弱的自己"。

事实上，当时你就是懦弱无助，就是受尽折磨。你应该走进那个自己，不要吝啬你的怀抱，特别是在弥留之际。

除了"弱"，还有人到死都无法原谅自己的"恶"。

或许你曾经伤害过孩子、伤害过父母、伤害过爱过你的人、伤害过无辜之人、伤害过可怜的小动物，但你有足够的时间去弥补，有足够的时间去道歉。正如你一直渴望有人发自肺腑地和你说声“对不起，我错了”一样，你也可以对别人说声“对不起，我错了”。

而这一切，有时甚至不需要语言，即便那个人走了，你依然会在他人身上找到熟悉的影子、味道、感觉，你依然有机会去爱别人、有机会被别人爱，也有机会原谅。

对自己道歉、对他人道歉，便是和解的开始，宽恕不同时期的自己，是对死亡最大的抚慰。

比如，重视帮助他人

在你过去的生命里，有没有发自内心、不计报酬地帮助过陌生人，而你给的帮助，恰恰是他需要的？

我有过许多次这样的机会。其中有三次挽救了别人的性命，一次是小时候救了落水的同伴，一次是救了快被冻死的异乡人，一次是救了躺在马路中央的醉酒之人。我庆幸自己有这样的机会。

如同我的工作，帮别人摆脱痛苦，但我并不觉得这有多么伟大，因为我也以此谋生，并得到了物质上的酬劳。

但我喜欢被需要的感觉，那让我本人充满价值感。每一次人性深处交融碰触的悲悯都让我深深迷恋，这是我活着的意义之一。

你也一样，照顾好自己的时候，去帮助更多的人，有些无形的气息和能量，会在彼此身体中交相辉映，洗涤你的灵魂。

有人说，真正的死亡，是世界上最后一个记得你的人死去。

而各种形式的助人就像涟漪绵延不断，无限延伸，最后一个记得你的人离去了，还有记得他的那些人，再把某种无形的东西传递开来。

在我看来，所有的爱都是互相的，所有的帮助也是双向的，只不过有些显而易见，有些埋藏心底。

比如，重视大自然

我很喜欢《蓝色星球》《人与自然》这类纪录片，有时会被动物和植物的智慧感动到无可名状。

我几乎每天都要去工作室楼下的小公园散步，看那些植物随季节变化而流动，会涌出诸多感动。

我大都记得它们的名字和花期，我会在它们绽放的时候凝望，也会在它们凋零的时候陪伴。那些往复轮回，就在我把手心放在树干上的时光里上演，像极了人生。

我的很多思考都是在那里完成的，很多的焦虑也都是在那里缓解的。我觉得我的一部分就属于那里。

我的遗嘱

正是以上种种反复体验，让我敢面对死亡，至少让我敢思考死亡，而思考死亡会加重我的体验深度，这是良性循环。

是的，我不会放弃这些探索，即便我可能只是多维空间的一位舞台剧演员，即便我整个人生就像楚门的世界，或像《海上钢琴师》中那艘永不靠岸的船，或是永无天日的禁闭岛，或是某种克隆体，我依然会努力演好属于“我”的这个角色，不是为了给另一个我什么交代，而是这个角色本就是我的一部分。

今天，当我又一次郑重其事地思考死亡后，如同《遗愿清单》

中的那两位临终老人一般，我列出了自己的“遗愿清单”：

◎ 我一定要给自己举办葬礼。

◎ 我会选择自己喜欢的方式死去。

◎ 我会参与所有和身后之事有关的任何决定。

◎ 我要好好和爱我的人、我爱的人别离。

◎ 我要宽恕任何时期的自己。

◎ 我要原谅伤害过我的人。

◎ 我一有机会就会和我伤害过的人说“对不起”。

◎ 我要拿出单独的时间来怀念离开我的人。

◎ 我要重视还没失去的一切：包括正和我在一起的人，包括我自己的任何情绪、梦想、愿望，以及一日三餐。

愿你也能如此，列一份遗愿清单，这会让你不断去思索变化着的自我。

这也可以说是在为死亡做准备，这样的准备越充足，你就越放得开，越重视自己。

以下文章由武志红主创团共同策划或创作

《反复确认对方爱不爱你，是恐惧被抛弃》

《告别生命中未完成的缺失，才不会有缺失》

《你认为自己无趣，可我觉得你很有趣》

《中年叛逆，只为夺回对自己人生的掌控感》